自治区级示范性高等职业院校建设项目精品教材
高等职业教育土木建筑类专业创新教材

工 程 地 质

主　编　齐文艳　包晓英
副主编　鄂雪君　王功伟
　　　　温春杰　郭　森

U0288450

北京理工大学出版社
BEIJING INSTITUTE OF TECHNOLOGY PRESS

内容提要

本书根据高职高专院校人才培养目标的要求,依据国家最新标准规范编写而成。全书共分为3个项目、13个任务。项目1为工程地质基础知识,包括地球的演化、认识矿物与岩石、认识地质构造、认识地貌与第四纪地质、认识地表水的地质作用、认识地下水的地质作用;项目2为常见的地质灾害与公路工程地质勘测,包括常见的地质灾害、地下工程的工程地质问题、地基工程的工程地质问题、边坡的工程地质问题、工程地质勘察;项目3为工程地质技能训练,包括实验室实训项目、野外地质技能训练。

本书可作为高职高专院校土建类道路桥梁工程技术等相关专业的教材,也可作为工程技术人员和科研人员的参考用书。

图书在版编目(CIP)数据

工程地质 / 齐文艳,包晓英主编. —北京:北京理工大学出版社,2023.1重印
ISBN 978-7-5682-3555-6

Ⅰ.①工⋯　Ⅱ.①齐⋯　②包⋯　Ⅲ.①工程地质－高等学校－教材　Ⅳ.①P642

中国版本图书馆CIP数据核字(2016)第315618号

出版发行 / 北京理工大学出版社有限责任公司
社　　　址 / 北京市海淀区中关村南大街5号
邮　　　编 / 100081
电　　　话 / (010)68914775(总编室)
　　　　　　(010)82562903(教材售后服务热线)
　　　　　　(010)68944723(其他图书服务热线)
网　　　址 / http://www.bitpress.com.cn
经　　　销 / 全国各地新华书店
印　　　刷 / 北京紫瑞利印刷有限公司
开　　　本 / 787毫米×1092毫米　1/16
印　　　张 / 13　　　　　　　　　　　　　　　　　　责任编辑 / 封　雪
字　　　数 / 273千字　　　　　　　　　　　　　　　　文案编辑 / 封　雪
版　　　次 / 2023年1月第1版第3次印刷　　　　　　　责任校对 / 周瑞红
定　　　价 / 48.00元　　　　　　　　　　　　　　　　责任印制 / 边心超

图书出现印装质量问题,请拨打售后服务热线,本社负责调换

前　言

本书打破了以往学科式教学的模式，主要介绍了交通土建工程中有关工程地质资料的获取、整理及应用等知识。由于工程地质学所要研究的内容十分丰富，在有限的时间内只能结合土建类各专业的需要选择其主要的和基本的内容进行简明扼要的介绍，为学生学习各自专业及开展相关问题的科学研究提供最为必要的知识及技能。

本书力求体现以下特点：

（1）体系规范。以"工学结合，校企合作"所开发的教材为切入点，在课程标准和教学标准所确定的框架下，改革教学内容和教学方法，突出专业教学的针对性。

（2）内容先进性。用新观点、新思想阐述教学内容，所选定的教学内容适应土建建设的需要，反映交通土建建设的新知识、新技术、新工艺和新方法。

（3）知识实用。以职业能力为主体，以应用为核心，以"必需、实用、够用"为原则，教材紧密联系生产和生活实际，加强了教学的针对性，能与相应的职业资格标准相互衔接。

（4）使用灵活。做到教学内容弹性化、教学要求层次化、教材结构模块化，有利于按需施教、因材施教。

本书的内容来源于相应岗位的工作内容。教学内容的选取依据完成岗位工作任务对知识和技能的要求，建立在行业专家对相应岗位工作任务分析结果和专业教师深入行业进行岗位调研结果的基础上。本书注重学生实践训练、培养学生完成工作的能力。

本书由兴安职业技术学院齐文艳、包晓英担任主编，由兴安职业技术学院鄂雪君、王功伟、温春杰，内蒙古鼎诚路桥有限公司高级工程师郭森担任副主编。具体的编写分工如下：前言、任务3、任务5、任务8、任务9、任务10、任务12、任务13由齐文艳编写；任务1、任务4、任务6由包晓英编写；任务2由鄂雪君编写；任务7由王功伟编写；任务11由兴安职业技术学院温春杰编写。郭森、马承志为我们编写本书提供了规范、勘察数据和资料以及宝贵的经验。

在本书编写过程中，曾广泛征求相关高职院校及勘察设计施工单位同行对编写大纲的意见，并得到了兴安职业技术学院有关领导和部门的帮助，在此一并表示感谢。

本书编写过程中参考和引用了大量的有关文献资料，在此对原作者致以诚挚的谢意。

由于时间仓促、编者水平有限，书中难免存在缺点和错误，恳请读者对书中的不妥和误漏之处予以批评指正。

编　者

目　录

项目2 常见的地质灾害与
公路工程地质勘测

绪　　论

0.1　工程地质的基本概念

0.1.1　工程地质学概述

工程地质学是介于地学与工程学之间的一门边缘性交叉学科。它研究土木工程中的地质问题，也就是研究在工程建筑设计、施工和运营的实施过程中合理地处理和正确地使用自然地质条件和改造不良地质条件等地质问题。工程地质学是为了解决地质条件与人类工程活动之间矛盾的一门实用性很强的学科。它广泛应用于各类工程，如公路工程、铁路工程、水电工程、工民建工程、矿山工程、港口工程等。随着生产的发展和研究的深入，又出现了一些新的分支学科，如环境工程地质、海洋工程地质、地震工程地质等。工程地质学的特点是其始终与工程实践紧密联系。

0.1.2　工程地质学的任务

工程地质学的研究对象是工程地质条件和工程活动的地质环境。它的主要任务是研究人类工程活动与地质环境(工程地质条件)之间的相互作用，以便正确评价、合理利用、有效改造和完善保护地质环境。在工程建设中的具体任务包括：

(1)阐明建筑地区的工程地质条件，并指出对建筑物的有利和不利因素；

(2)论证建筑物所存在的工程地质问题，进行定性和定量的评价，并做出确切的结论；

(3)选择地质条件优良的建筑场地，并根据场地工程地质条件对建筑物的配置提出建议；

(4)研究工程建筑物兴建后对地质环境的影响，预测其发展趋势，提出利用和保护地质环境的对策和建议；

(5)根据所选定地点的工程地质条件和其所存在的工程地质问题，提出有关建筑物类型、规模、结构和施工方法的合理建议，从而保证建筑物正常施工和使用所应注意的地质要求；

(6)为拟定改善、防治不良地质作用措施的方案提供地质依据。

概括起来，即查明建筑物及与之有关地区的工程地质条件，指出可能出现的工程地质问题，并提出解决这些问题的建议，为工程设计、施工和正常运用提供可靠的地质资料，以保证建筑物修建得经济合理、安全可靠。

0.1.3　工程地质条件

工程地质条件即工程活动的地质环境。包括地层岩性、地质构造、地貌、水文地质条件、岩土体的工程性质、物理地质现象和天然建筑材料等方面的内容。

研究工程活动与地质环境相互制约的主要形式就是工程地质问题。分析这些问题产生的地质条件、力学机制及其发展演化规律，以便正确评价和有效防治其不良影响是工程地质学的另一专门分支，是工程地质分析的基本任务。查明工程地质条件并研究查明工程地质条件的方法和手段是工程地质勘察的基本任务。上述三个专门分支学科是工程地质学的理论基础。

0.1.4　工程地质条件与人类工程活动之间的矛盾问题

(1)地质环境对工程活动的制约作用，即地质条件以一定的作用方式影响工程建设，如地震、软土地基、岩溶洞穴、滑坡、崩塌等。

(2)人类的工程活动又反作用于地质环境，如大量抽取地下水引起地面沉降、海水入侵，水库修建诱发地震，人工开挖引起边坡破坏。

0.2　工程地质在工程建设中的作用

大量的国内外工程建设实践证明，工程地质工作做得好，设计、施工就能顺利进行，工程建筑的安全运营就有保证。相反，忽视工程地质工作或重视不够，未发现一些严重的地质问题或发现了而未进行可靠的处理，都会给工程带来不同程度的影响，轻则修改设计方案、增加投资、延误工期，重则使建筑物完全不能使用，酿成灾害。

例如成(都)昆(明)铁路沿线地形险峻，地质构造极为复杂，大断裂纵横分布，新构造运动十分强烈，有约 200 km 的地段位于八九度地震烈度区，岩层破碎。加上沿线雨量充沛，山体不稳，各种不良地质现象，被誉为"世界地质博物馆"。中央和铁道部对成昆线的工程地质勘察十分重视，提出了地质选线的原则，动员和组织全路工程地质专家和技术人员进行大会战，并多次组织全国工程地质专家进行现场考察和研究，解决了许多工程地质难题，保证了成昆铁路顺利建成通车。

相反，新中国成立初期修建的宝(鸡)成(都)铁路，限于 20 世纪 50 年代初期的设计水平，对工程地质条件认识不足，致使线路的某些地段质量不高，给施工和运营带来了困难。宝成铁路上存在的路基冲刷、滑坡和泥石流问题给我们留下了深刻教训。又如新中国成立前修建的宝(鸡)天(水)铁路，由于当时不重视工程地质工作，设计开挖了许多高陡路堑，致使发生了大量崩塌、滑坡、泥石流病害，造成线路无法正常运营，被称为西北铁路线上的盲肠。

国外实例，如加拿大特朗斯康谷仓是建筑物地基失稳的典型例子。该谷仓由 65 个圆柱筒仓组成，长 59.4 m，宽 23.5 m，高 31.0 m，钢筋混凝土片筏基础，厚 2 m，埋置深度为 3.6 m。谷仓于 1913 年秋建成，10 月初储存谷物 2.7 万 t 时发现谷仓明显下沉，谷仓西端下沉 8.8 m，东端上抬 1.5 m，最后，整个谷仓倾斜 27°。由于谷仓整体刚度较强，在地基破坏后，筒仓完整，无明显裂缝。事后勘察了解，该建筑物基础下埋藏有厚达 16 m 的高塑性淤泥质软黏土层。谷仓加载使基础底面上的平均荷载达到 330 kPa，超过地基极限承载力 280 kPa，因而发生地基强度破坏而整体滑动。为修复谷仓，在基础下设置了 70 多个支承于深 16 m 以下基岩上的混凝土墩，使用 338 个 500 kN 的千斤顶，才得以把谷仓纠正过来。修复后谷仓的标高比原来降低了 4 m，且处理费用十分昂贵。加拿大特朗斯康谷仓发生地基滑动强度破坏的主要原因是事先未对谷仓地基土层做勘察、实验与研究，且采用的设计荷载超过地基土的抗剪强度，导致这一严重事故。

公路工程是一种延伸很长的线型建筑物，又主要建筑在地表(壳)上，故在兴建和使用的过程中，必然会遇到各种各样的自然条件和地质问题。如果对地质工作不够重视，会给工程带来不同程度的影响。例如在开挖高边坡时忽视地质条件，可能引起大规模的崩塌或滑坡，不仅增加工程量、延长工期和提高造价，甚至危及施工安全，造成生命和财产损失。我国台湾基隆河畔某地因修筑高速公路，在河岸旁的山腰处进行开挖，切断了层状岩体，导致该地于 1974 年 9 月发生滑坡，破坏了周围的村庄、道路，阻断了河流。又如沿河谷布线，若不分析河道形态、河流流向以及水文地质特征，就有可能造成路基水毁。

综上所述，工程地质工作作为工程建筑的基础，其重要作用是客观存在和被实践证明了的。它已成为工程建设中不可缺少的一个重要组成部分。随着我国经济建设日益发展和科学技术的进步，工程建设的规模和数量也越来越大。数十公里长的隧道、数百米高的高楼大厦、数百米高的露天采矿场边坡、二滩和三峡水利枢纽工程等所谓"长隧道、深基坑、高边坡"巨型重大工程建设与工程地质的关系更趋密切。鉴于工程地质对工程建设的重要作用，国家规定任何工程建设必须在进行相应的地质工作、提出必要的地质资料的基础上进行工程设计和施工工作。

0.3　工程地质课程教学要求及其特点

一般来讲，进行公路工程建设时，地质工作主要由专业地质人员进行。但作为一名公路工程师，必须掌握公路工程地质的基本理论和技能，才能够正确地提出勘察任务和要求，才能正确地利用工程地质勘察成果和正确处理公路建设与自然地质条件的相互关系，才能胜任本职工作。

学习本课程的目的在于使学生了解工程建设中的工程地质现象和问题，以及这些现象和问题对工程建筑设计、施工和使用各阶段的影响；能正确处理各种工程地质问题，并能合理利用自然地质条件；了解各种工程地质勘察的要求和方法，布置勘察任务，合理利用勘察成果解决设计和施工中的问题，为学习专业课和今后所从事的实际工作打下基础。总体要求是：

(1)掌握与公路工程有关的常见岩石、地质构造、地貌、物理地质现象、水文地质等基本地质知识。

(2)初步学会对道路选线的工程地质条件和路基、桥梁、隧道的工程地质问题的分析和评价方法。

(3)了解工程地质的勘察原则和方法，熟悉其应用条件；学会阅读和分析常用工程地质及水文地质资料(报告书及地质图)的方法。

以上教学要求是相互关联和逐步联系专业实际的，只有理论联系实际、地质联系工程，教与学相结合，才能达到预期的教学目的。

本课程是一门实践性较强的技术基础课，为加强地质实践性教学，除讲课及自学外，还安排课堂实习或实验、课外作业，以及野外地质教学实习，以巩固和印证课堂所学的理论知识，培养学生实际动手的技能，学会应用工程地质资料为工程设计、施工等服务。

在教学过程中，应运用辩证唯物主义观点，由浅入深、循序渐进。尽量采用多媒体教学方法，应用有关地质科教片、录像片、幻灯片、挂图、模型、标本等直观教具，以增强地质感性认识、提高教学质量。学生在学习过程中要善于思考，切忌生吞活剥、死记硬背，主要应掌握分析研究问题的思路和方法，以便在以后的实际工作中解决所遇到的问题。

📖 小　结

工程地质学是将地质学的原理应用于解决工程地基稳定性问题的一门学问。工程地质学通过工程地质调查、勘察和研究建筑物场地的岩土的工程地质性质、地质构造、地貌、地下水、物理地质现象和天然建筑材料等工程地质条件，预测和论证有关工程地质问题发生的可能性，并采取必要防治措施，以确保建筑物的安全、稳定和正常运行。

📖 复习思考题

1. 简述工程地质学的概念。
2. 简述工程地质条件的概念。
3. 工程地质学的任务是什么？
4. 工程地质课程的基本要求是什么？

项目 1　工程地质基础知识

任务 1　地球的演化

1.1　地球的物理性质与圈层构造

1.1.1　地球的物理性质

1. 地球的重力

重力(F)是地心引力与离心力的合力。在赤道附近离地心的距离最远，引力最小，离心力最大，故重力值最小；两极附近离地心的距离最小，引力最大，离心力最小，重力值最大。因此，随着纬度的增加，地表重力值增大。理论值变化范围 $G=9.78\sim9.83$ N/kg。

2. 地球的温度

地球内部的温度是不均匀的，自地表向下分为三层。

外热层(变温层)：地表外层，温度来源于阳光。其中地表向 $1\sim1.5$ m 随每日昼夜温度而变化；年变化影响深度可达 $20\sim30$ m。

常温层(恒温层)：在外热层下，温度终年不变，大约为年平均温度，深度大致为 20～40 m。

内热层(增温层)：在常温层下，温度来源于地球内部(放射性蜕变)，随深度增加，地温升高。

3. 地球的磁性

地球如同一个巨大的磁铁，有磁南极、磁北极。磁北极与地理北极的交角为 11.5°。地磁要素：①磁场强度；②磁倾角，北半球为正(向下倾)，南半球为负(向上倾)；③磁偏角，不同的地理位置磁偏角不同，磁偏角在各地区是不同的，每到一个新区进行野外调查时，首先要了解该区的磁偏角，并进行罗盘校正。

4. 地球的弹性和塑性

固体地球在施力速度快、持续时间短时，表现为弹性；在施力速度缓慢、持续时间长时，表现为塑性。地球弹性主要表现为：①能传播地震波；②固体潮(球体形状一段时期变化，另一段时期恢复原状)。地球塑性表现为：地层褶皱、柔皱、蠕变等。

1.1.2　地球的圈层结构

我们生活的地球不是一个均匀体，而是具有明显圈层的结构。地球圈层分为地球外圈和地球内圈两大部分。地球外圈包括大气圈、水圈和生物圈；地球内圈包括地壳、地幔和地核。

1. 地球外圈

环绕地球最外面的一个圈层由大气组成，称为大气圈。大气圈没有确切的上界，在赤道上方 40 000 km 的高空仍有大气存在的痕迹。水、土壤和某些岩石中也会有少量空气。由于地心引力作用，几乎全部的气体集中在离地面 100 km 高度的范围内，其中 75% 的大气又集中在地面至 10 km 高度的对流层范围内。

地球表面约 75% 的面积为海洋、江河、湖泊、沼泽、冰川等水体，地面以下的土壤和岩石中或多或少地充填着地下水，它们构成一个连续但不很规则的圈层，称为水圈。海洋水质量约为陆地水的 35 倍。水圈是地球区别于其他行星最重要的特征之一，它孕育了生命。

生物圈是地球上生物(包括植物、动物和微生物)生存和活动的范围。现存的生物生活在岩石圈的上层部分、大气圈的下层部分和水圈的全部，构成了地球上一个独特的圈层。

2. 地球内圈

地壳是地球的最外圈层，由各种岩石组成。地壳表面在陆地上直接暴露出来，在有水体，特别是海洋地区则被水圈覆盖。地壳的厚度在全球各地是不均匀的，大陆区地壳较厚，平均厚度为 33 km，最厚约 70 km。人类的一切工程活动都在地壳的最表层，连最深的科学钻孔也只能钻到地下 12 km 深处。

地壳以下是厚度约为 2 860 km 的地幔，平均密度约 4.5 g/cm³。地幔又可分为上地幔和下地幔两层。上地幔的平均密度为 3.5 g/cm³，成分接近于石陨石，相当于超基性岩。下地幔的平均密度为 5.1 g/cm³，成分与上地幔相同，由于处于超高压下，故形成了一些晶体结构更紧密的高密度矿物。

根据地震波波速等资料，地质学家认为在 100～250 km 深度上存在一个软流圈，该带的物质呈熔融状态。软流圈之上的地幔顶层为固态的岩石，这些岩石连同地壳一起被称为岩石圈，它是地球的一个刚性外壳，浮在呈塑性的软流圈之上。

地幔以下是地核，半径约 3 470 km。地核的外层是液态，内层是固态。地核的成分相当于铁陨石。

1.2　地质作用

由于地球内部和太阳能量的作用，地球处于永无休止的运动状态，地表形态、地壳内部物质组成及结构构造等不断发生变化，地质学上把自然界引起种种变化的各种作用称为"地质作用"。地质作用根据其能量的来源分为内动力地质作用和外动力地质作用。地壳的上升运动、沉降运动、褶皱运动、板块俯冲运动和海底扩张运动等，都是内动力作用。这些运动不断地改变着地壳的内部结构和表面形态，生成大陆和海洋、山脉和平原，引起海陆变迁等。而另外一些作用，如风化作用、侵蚀作用、搬运作用、沉积作用和固结成岩作用等都是外动力作用。

1.2.1　内动力地质作用

内动力地质作用是指主要由地球内部能量引起的地质作用。它一般起源和发生于地球内部，但常常可以影响到地球的表层，总的趋势是形成地壳表层的基本构造形态和地壳表面大型的高低起伏。内动力地质作用包括地壳运动、岩浆作用、变质作用和地震作用。

地壳运动常称构造运动，其是使地壳或岩石圈发生变形、变位以及洋壳增长和消亡的地质作用。

岩浆作用是指岩浆的形成、演化直至冷凝成岩石的全部地质过程。

变质作用是指地表以下一定环境中的岩石在固态下发生结构、构造或物质成分的变化而形成新岩石的地质过程。

地震作用是指由地震引起的岩石圈物质成分、结构和地表形态变化的地质作用。地震是工程上重要的地质灾害之一。

1.2.2 外动力地质作用

1. 分类

外动力地质作用是大气、水和生物在太阳能、重力能的影响下产生的动力对地球表层所进行各种作用的统称。其一方面通过风化和剥蚀作用不断地破坏露出地面的岩石，另一方面又把高处剥蚀下来的风化产物通过流水等介质搬运到低洼的地方沉积下来，重新形成新的岩石。外动力地质作用总的趋势是切削地壳表面的隆起部分，填平地壳表面低洼的部分，不断使地球的面貌发生变化。外动力地质作用可分为以下几种：

风化作用是指岩石受外力作用后发生机械崩解和化学分解，破坏产物基本残留原地，使坚硬的岩石变为松散的碎屑及地壤的过程。风化作用在地表岩层产生的风化壳具有重要的工程意义。

剥蚀作用是指风或流水、冰川湖海中的水在运动的状态下对地表岩石、矿物产生的破坏并将它们搬离原地的作用。

沉积作用是指搬运介质动能减小或搬运介质的物理化学条件发生改变以及在生物的作用下，被搬运的物质在新的场所堆积下来的作用。

负荷地质作用是指松散堆积物、岩块等由于自身重量并在其他动力地质的作用下崩落或沿斜坡滑动的过程。地质灾害中的崩塌、滑坡、泥石流即属此作用。

成岩作用是指由松散状态的沉积物转变成为硬结沉积岩的过程。

工程上的土即是未经胶结的松散状态的外动力地质作用的产物。

2. 风化作用、风化壳及其工程研究意义

岩石经风化后，部分可溶物质随水流失，余下的残屑和化学风化中形成的一些新矿物便残留在原地，这些残留在原地的风化产物称残积物。残积物主要分布在山坡上，成分和颜色都与下伏岩石的岩性有关。残积物和土壤形成一层不连续的薄层松散物覆于地表，称为风化壳。风化壳下大面积存在的岩石称为基岩。地表某些地方的风化产物被流水等外动力地质作用剥蚀搬走，使基岩出露于地表，这种露出地表的基岩称为基岩的露头，简称露头。它是野外地质观察和研究的主要对象。

由于风化作用不同，风化壳可以由一层残积物组成，也可以由几层风化分解程度不同的残积物组成。这种由多层残积物组成的风化壳，层与层之间常逐渐过渡而无明显分界线。在剖面上，一个完整的风化壳从下到上可分为如图 1-1 所示的几层：风化壳的最底层为半风化岩石碎块组成的半风化层，其成分与下伏基岩相同；其上的物理和化学风化的残积层，由下向上风化程度由浅至深，碎屑颗粒由大变小；最上部的一层是经受长期物理风化、化学风化和生物风化作用形成的土壤。风化壳的结构各地大致相似，但其成分和厚度则是因地而异，主要与岩性、气候、地形和风化作用的时间等因素有关。一般潮湿炎热气候区，风化壳厚度大，结构复杂；干旱区则是以机械风化为主形成的风化壳，厚度一般较小，常仅有数十厘米，结构也较简单。

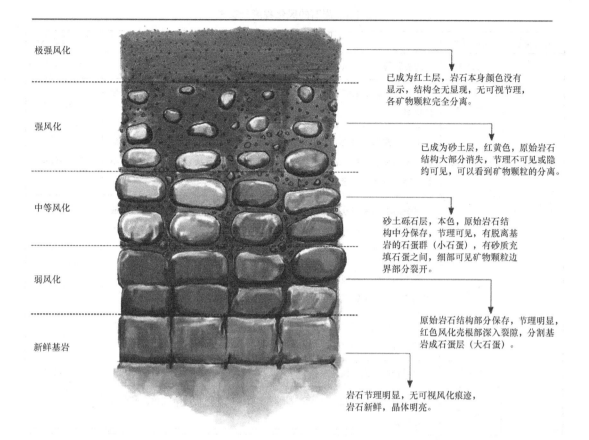

图 1-1 风化壳剖面

実践表明,一些岩石如花岗岩、厚层石灰岩石等,其完整、坚硬,抗风化能力极强,在这些岩石中的开挖工程可以不支撑、不衬砌,暴露在空气中的岩石数十年几乎没有风化迹象。而另外一些岩石如页岩、粉砂岩等,风化速度则极快或极易风化。某地隧道中的砂页岩,开挖一年后风化深度达 1 m 以上。一般地,岩石风化程度越严重,其组成矿物颜色越暗淡,岩石越破碎,岩石强度越低。

根据《公路桥涵地基与基础设计规范》(JTG D63—2007)的规定,岩石风化程度见表 1-1。

工程建设中,为防止岩石风化作用的进一步加剧,通常采取以下措施:一是向岩石孔隙、裂隙灌注各种浆液,以提高岩石的整体性和强度,增强岩石的抗风化能力;二是在岩石表面喷抹水泥砂浆、沥青或石灰水泥砂浆,封闭岩面,达到防止空气、水分与岩石接触或渗入的目的。对于已经存在的严重风化层,若其厚度不大应予清除,使建筑地基落在未风化或微弱风化的岩石上;若厚度较大不能清除,则应采取相应措施,如地基工程应使桩基穿透风化层落在新鲜岩石上,而边坡、隧道工程可根据风化层厚度及风化程度采用加强支护、支挡、衬砌等措施。

表 1-1　岩石的风化程度分级表

岩石类别	风化程度	野外特征	风化系数 K_f
硬质岩石	未风化	岩质新鲜，未见风化痕迹	0.9～1.0
	微风化	组织结构基本未变，仅节理面有铁锰质渲染或矿物略有变色，有少量风化裂隙	0.8～0.9
	中等风化	组织结构部分破坏，矿物成分基本未变化，仅沿节理面出现次生矿物。风化裂隙发育。岩体被切割成 20～50 cm 的岩块。锤击声脆，且不易击碎，不能用镐挖掘，岩心钻可钻进	0.4～0.8
	强风化	组织结构已大部分破坏，矿物成分已显著变化。长石、云母已风化成次生矿物。裂隙很发育，岩体破碎。岩体被切割成 2～20 cm 的岩块，可用手折断。用镐可挖掘，干钻不易钻进	<0.4
	全风化	组织结构已基本破坏，但仍可辨认，并且有微弱的残余结构强度，可用镐挖，干钻可钻进	—
	残积土	组织结构已全部破坏。矿物成分除石英外，大部分已风化成土状，锹镐易挖掘，干钻易钻进，具有可塑性	—
软质岩石	未风化	岩质新鲜，未见风化痕迹	0.9～1.0
	微风化	组织结构基本未变，仅节理面有铁锰质渲染或矿物略有变色。有少量风化裂隙	0.8～0.9
	中等风化	组织结构部分破坏。矿物成分发生变化，节理面附近的矿物已风化成土状。风化裂隙发育。岩体被切割成 20～50 cm 的岩块，锤击易碎，用镐难挖掘，岩心钻可钻进	0.3～0.8
	强风化	组织结构已大部分破坏，矿物成分已显著变化，含大量黏土质黏土矿物。风化裂隙很发育，岩体破碎。岩体被切割成碎块，干时可用手折断，浸水或干湿交替时可较迅速地软化或崩解。用镐或锹可挖掘，干钻可钻进	<0.3
	全风化	组织结构已基本破坏，但尚可辨认并且有微弱残余结构强度，可用镐挖，干钻可钻进	—
	残积土	组织结构已基本破坏，矿物成分已全部改变并已风化成土状，锹镐易挖掘，干钻易钻进，具有可塑性	—

3. **内外动力地质作用对地球的改造**

地球的内外圈先后形成之后，整个地球的演化主要表现为内外动力地质作用对地球进行的长期不断的改造。在整个地质历史中，内外动力的地质作用始终不断地进行着，此起彼伏，时强时弱，一时期动力地质作用强，另一时期又是外动力作用强，总的来说，以内动力地质作用居于主导的支配地位。

由于外动力地质作用对地表改造的趋势是削高填低(风化、剥蚀、搬运、沉积、成岩),如无其他因素干扰,当高地削平、洼地满填之后,外动力地质作用将消失(无太大的高低起伏)。

内动力地质作用(构造运动、岩浆活动、变质作用、地震作用)的发生一方面打破了地表趋平的趋势,产生新的起伏,同时控制了地表地形的分布,即控制了各地表的外动力地质作用的类型。

因此,内动力地质作用居于主导的支配地位,内动力地质作用与外动力地质作用相互联系、相互作用,塑造着地壳的特征。

1.3 地质年代与地层单位

地质学上推算地球的年龄,主要有两种方法:一种是相对年代,一种是绝对年龄(同位素年龄)。

在了解相对年代之前需要理解地层这一概念。地球发展历史的主要记录证据是岩石。地层是地壳发展过程中所形成的包括沉积岩、火山岩和变质岩等层状岩石的总称。成层的岩石总是自下而上顺次叠加而成,即正常情况下先形成的岩层在下,后形成的岩石在上。

相对地质年代的确定主要是依据岩层的沉积顺序、生物演化和地质构造关系,无论岩石的性质是否相同,只要具有相同的化石和化石群,它们的地质年代就是相同的或大致相同的。这样所确定的地质年代顺序只具有相对的性质,反映了时间上相对新老的关系。

绝对年龄(同位素年龄)是人们在放射性元素发现之后找到的测年方法,用此方法,可获知所测矿物从形成到现在的时间长度。于是,也就知道了由此矿物所构成的岩石的年龄长度。

用相对年代和绝对年龄的方法,通过对全世界的地层进行对比研究,依照人类历史划分朝代的办法,把地质历史划分为两大阶段,从老至新为隐生宙与显生宙。宙以下分代,隐生宙分为太古代和元古代,显生宙分为古生代、中生代和新生代。代以下分纪,纪以下分世……宙、代、纪、世是国际统一规定的名称和时代划分单位,表1-2为地质年代表。每个时代单位均有相应的地层单位:

时代单位	地层单位
宙	宇
代	界
纪	系
世	统

表1-2 地质年代表

宙(字)	代(界)	纪(系)	世(统)	起始时间/百万年	主要生物及地质演化
显生宙 PH	新生代 KZ	第四纪 Q	全新世 Q4	2.4	哺乳动物仍占主导地位,人类出现,北半球多次冰川活动
			更新世 Q3		
		晚第三纪 N	上新世 N2	23	陆地上以哺乳动物为主,昆虫和鸟类都大大发展;被子植物兴盛。印度板块于始新世碰撞到亚洲大陆上,非洲板块也靠向欧洲板块;渐新世开始全球造山运动,逐渐形成现代山系
			中新世 N1		
		早第三纪 E	渐新世 E3	65	
			始新世 E2		
			古新世 E1		
	中生代 MZ	白垩纪 K	晚白垩世 K2	135	脊椎动物、鱼类、两栖类和爬行类得到大发展;晚三叠世出现哺乳类,侏罗纪出现始祖鸟,白垩纪末恐龙灭绝。裸子植物以松柏、苏铁和银杏为主;被子植物出现晚三叠世,统一大陆分裂,古特提斯洋、古大西洋和古印度洋开始发育;印度大陆从南半球漂向亚洲大陆
			早白垩世 K1		
		侏罗纪 J	晚侏罗世 J3	205	
			中侏罗世 J2		
			早侏罗世 J1		
		三叠纪 T	晚三叠世 T3	250	
			中三叠世 T2		
			早三叠世 T1		
	古生代 PZ	晚古生代 PZ2	二叠纪 P	晚二叠世 P2	290	脊椎动物在泥盆纪开始迅速发展;石炭纪开始出现两栖类和爬行类;陆地上的植物迅速发展,裸蕨类极度繁荣,还有少量石松类、楔叶类及原始的真蕨类植物、昆虫出现。二叠纪末期发生了生物大量灭绝事件。古生代末,南半球冈瓦纳大陆和北半球各大陆联合而成的劳亚大陆称为潘加亚的统一大陆

宙(字)	代(界)		纪(系)	世(统)	起始时间/百万年	主要生物及地质演化
显生宙 PH	新生代 KZ		第四纪 Q	全新世 Q4	2.4	哺乳动物仍占主导地位,人类出现,北半球多次冰川活动
				更新世 Q3		
			晚第三纪 N	上新世 N2	23	陆地上以哺乳动物为主,昆虫和鸟类都大大发展;被子植物兴盛。印度板块于始新世碰撞到亚洲大陆上,非洲板块也靠向欧洲板块;渐新世开始全球造山运动,逐渐形成现代山系
				中新世 N1		
			早第三纪 E	渐新世 E3	65	
				始新世 E2		
				古新世 E1		
	中生代 MZ		白垩纪 K	晚白垩世 K2	135	脊椎动物、鱼类、两栖类和爬行类得到大发展;晚三叠世出现哺乳类,侏罗纪出现始祖鸟,白垩纪末恐龙灭绝。裸子植物以松柏、苏铁和银杏为主;被子植物出现晚三叠世,统一大陆分裂,古特提斯洋、古大西洋和古印度洋开始发育;印度大陆从南半球漂向亚洲大陆
				早白垩世 K1		
			侏罗纪 J	晚侏罗世 J3	205	
				中侏罗世 J2		
				早侏罗世 J1		
			三叠纪 T	晚三叠世 T3	250	
				中三叠世 T2		
				早三叠世 T1		
	古生代 PZ	晚古生代 PZ2	二叠纪 P	晚二叠世 P2	290	脊椎动物在泥盆纪开始迅速发展;石炭纪开始出现两栖类和爬行类;陆地上的植物迅速发展,裸蕨类极度繁荣,还有少量石松类、楔叶类及原始的真蕨类植物、昆虫出现。二叠纪末期发生了生物大量灭绝事件。古生代末,南半球冈瓦纳大陆和北半球各大陆联合而成的劳亚大陆称为潘加亚的统一大陆
				早二叠世 P1		
			石炭纪 C	晚石炭世 C2	350	
				中石炭世 C2		
				早石炭世 C1		
			泥盆纪 D	晚泥盆世 D3	405	
				中泥盆世 D2		
				早泥盆世 D1		
		早古生代 PZ1	志留纪 S	晚志留纪 S3	435	寒武纪出现带骨骼的生物:三叶虫、笔石和腕足类等;中奥陶纪出现珊瑚;志留纪出现原始的鱼类——棘鱼。植物主要是海洋中的藻类,志留纪末期陆地上出现裸蕨类。南半球各大陆加上印度半岛联合形成冈瓦纳大陆,北半球几个分开的大陆板块发生着碰撞与合并。北美板块与欧洲板块合并;古西伯利亚和古中国之间逐渐接近。奥陶纪晚期,又出现一次大冰期
				中志留纪 S2		
				早志留纪 S1		
			奥陶世 O	晚奥陶纪 O3	480	
				中奥陶纪 O2		
				早奥陶纪 O1		
			寒武纪 ∈	晚寒武纪 ∈3	570	
				中寒武纪 ∈2		
				早寒武纪 ∈1		

宙(字)	代(界)	纪(系)	世(统)	起始时间/百万年	主要生物及地质演化
元古宙 PT	新元古代 PT3	震旦纪 Z		1 000	藻类大量发育，生物更多样化。震旦纪出现放射虫、海绵、水母、环节动物、节肢动物等。古元古代后，所有的陆壳聚集在一起形成的大陆开始解体。震旦纪发生全球性冰期
		青白口纪 PT3qj			
	中元古代 PT2	蓟县纪 PT2		1 700	
		长城纪 PT2ch			
	古元古代 pt1			2 600	
太古宙 AR	新太古代 Pt1			3 800	出现藻类和菌类，最古老的生物遗迹为32亿年
	古太古代 Ar1				
冥古宙 HD				4 600	

小 结

本任务主要介绍了地球的基本情况，地球的内外动力地质作用及其分类。要求能够描述地质年代并对岩石的风化程度进行分级。

复习思考题

1. 地球的主要物理性质有哪些？

2. 简述地球的外部圈层结构和内部圈层结构。

3. 地球内动力地质作用和外动力地质作用分别有哪些？

4. 地球内动力地质作用和外动力地质作用之间是如何相互作用的？

任务2 认识矿物与岩石

1. 了解岩石的力学性质及其工程性质。
2. 掌握矿物的物理性质及岩石的矿物成分、结构和构造。

能够用肉眼鉴别常见的矿物、岩石。

岩石是地壳发展到一定阶段，因不同地质作用而形成的由一种或多种矿物组成，且在成分和结构上具有一定规律的集合体，它是构成地壳及地幔的主要物质。岩石是构成地壳的最基本单位。由于地质作用的性质和所处环境的不同，不同岩石的矿物成分、化学成分、结构和构造等内部特征也有所不同。

岩石的结构是指岩石中矿物的结晶程度、颗粒大小和形态及彼此之间的组合方式。

岩石的构造是指岩石中的矿物集合体之间或矿物集合体与岩石的其他组成部分之间的排列方式及填充方式。

自然界岩石的种类很多，岩石按地质成因可分为岩浆岩类、沉积岩类和变质岩类。矿物的成分、性质及其他各种因素的变化都会对岩石的强度和稳定性产生影响。所以，要认识岩石、分析岩石在各种自然条件下的变化、评价岩石的工程地质性质、为工程建设服务，就必须先了解矿物的有关知识。

2.1 造岩矿物

2.1.1 矿物的一般知识

1. 矿物的概念

矿物是组成地壳的基本物质，它是在各种地质作用下形成的具有一定的化学成分和物理性质的单质体或化合物。其中，构成岩石的主要矿物称为造岩矿物。

矿物是组成地壳的基本物质，由矿物组成岩石或矿石。我们把主要组成岩石并且大量出现的矿物称为造岩矿物。造岩矿物以硅酸盐类矿物为主，最常见的造岩矿物仅有十几种。

2. 矿物的类型

自然界的矿物按其成因可分为三大类：

(1)原生矿物。其是指在成岩或成矿的时期内，从岩浆熔融体中经冷凝结晶过程所形成的矿物，如石英、正长石等。

(2)次生矿物。其是指原生矿物遭受化学风化而形成的新矿物，如正长石经过水解作用后形成的高岭石。

(3)变质矿物。其是指在变质作用过程中形成的矿物，如区域变质的结晶片岩中的蓝晶石和十字石等。

2.1.2 矿物的物理性质

矿物的物理性质主要取决于它的内部构造和化学成分。掌握矿物的物理性质是鉴定矿物的主要依据。在实际工作中，一般用肉眼观察并借助简单的工具和试剂鉴定矿物。

1. 矿物的形态

形态是矿物的重要外表特征，它与矿物的化学成分、内部结构以及生长环境有关，是鉴定矿物和研究矿物成因的重要标志之一。矿物呈单体出现时，晶体的习性使它常具有一定的外形，有的形态十分规则，如岩盐是立方体，磁铁矿是八面体，石榴子石是菱形十二面体(图 2-1)，云母呈六方板状或柱状，水晶呈六方锥柱状。

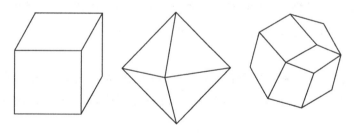

图 2-1　矿物的几种外形

矿物单体的形态虽然多种多样，但归纳起来可分为以下 3 种类型。

一向延伸：晶体沿一个方向特别发育，呈柱状、针状或纤维状晶形，如石英、锑矿、石膏等。

二向延伸：晶体沿两个方向特别发育，呈片状、板状，如云母、石膏等。

三向延伸：晶体沿三个方向的发育大致相同，呈粒状，如黄铁矿、磁铁矿等。

矿物集合体是指同种矿物多个单晶聚集生长的整体外观，其形态不固定，常见的有粒状集合体，如磁铁矿；鳞状集合体，如云母；鲕状或肾状集合体，如赤铁矿；放射状集合体，如红柱石(形如菊花又称"菊花石")；簇状集合体，如石英晶簇。

自然界产出的矿物晶体多半发育不好，完整的矿物晶体是比较少见的。矿物是否结晶与是否具有规则外形是两个概念。矿物晶粒常挤在一起生长，使晶体不能发育成良好的晶形，只有当矿物在地质作用过程中有足够的空间和时间让其自由发育，方能形成良好的晶体。有些矿物化学成分相同，如石墨和金刚石都由碳元素组成，但由于它们所受地质作用性质不同，所以形成的晶体结构也不同，也就成为不同的矿物，因此，矿物形态是识别矿物的重要依据之一。有些矿物的化学成分不同，如岩盐和黄铁矿，但都可呈立方体产出，可见矿物的形态不是识别矿物的唯一依据。

2. 矿物的光学性质

矿物的光学性质是指矿物对自然光的吸收、反射和折射所表现出的各种性质，包括颜色、条痕、光泽和透明度。

(1)颜色。矿物的颜色指矿物对可见光中不同光波选择吸收和反射后映入人眼的现象，它是矿物最明显、最直观的物理性质。常以标准色谱以及黑、白、灰来说明矿物的颜色，也可以根据最常见的实物颜色来描述矿物的颜色。

根据成色原因分为自色、他色和假色。

自色：由于矿物本身的化学成分中含有的带色元素而呈现的颜色，即矿物本身所固有的颜色，如赤铁矿多呈红色，黄铁矿多呈铜黄色等。

他色：当矿物中含有杂质时所出现的其他颜色，如石英，一般为无色或白色，含杂质时可呈黄、红、棕、绿等色。

假色：矿物内部的某些物理原因所引起的颜色，比如光的干涉、内散射等。

(2)条痕。条痕是矿物粉末的颜色，一般指矿物在白色釉瓷板上擦划时所留下的粉末痕迹。条痕可以消除假色、减弱他色、保存他色、保存自色。条痕色对不透明、深色、金属矿物具有鉴定意义。

(3)光泽。光泽是矿物粉末的颜色。依据反射的强弱可以分为金属光泽（如金、银、铜，辉锑矿）、半金属光泽（如赤铁矿、褐铁矿）和非金属光泽。造岩矿物一般呈非金属光泽，如：

玻璃光泽：反射较弱，如同玻璃表面所呈现的光泽（如水晶）。

油脂光泽：某些透明矿物（如石英）断口上所呈现的，如同油脂的光泽。

珍珠光泽：如同蚌壳内表面珍珠层上所呈现的光泽。具有极完全片状解理的浅色透明矿物，如云母等常具有这种光泽。

丝绢光泽：是一种较强的非金属光泽，纤维石膏及石棉等表面的光泽最为典型。

土状光泽：矿物表面暗淡如土，如高岭石等松散细粒块体矿物表面所呈现的光泽。

此外还有金刚光泽（闪锌矿）、树脂光泽（角闪石）、脂肪光泽（滑石）、蜡状光泽（叶蜡石）、无光泽（石髓）。

(4)透明度。透明度是指矿物透光能力的大小，即光线透过矿物的程度。透明是相对的，透明度取决于矿物的厚度和其对光的吸收率，一般规定以 0.03 mm 的厚度作为标准进行对比。肉眼鉴定时，根据矿物透明度的差异可分为透明矿物、半透明矿物和不透明矿物。

3. 矿物的力学性质

矿物的力学性质是指矿物在受力后表现出的物理性质。

(1)硬度。硬度是指矿物抵抗刻划、摩擦、加压的能力。一般用肉眼鉴定矿物时常用已知硬度的矿物去刻划需鉴定的矿物，以此确定矿物的相对硬度，这种方法即为公认的"摩氏硬度计"。在野外鉴别矿物硬度时，还可采用简易的鉴定方法来测试其相对硬度，即利用指甲(2~2.5)、小刀(5~5.5)、玻璃片(5.5~6)和钢刀(6~7)等粗略判定。

国际公认的摩氏硬度计以常见的10种矿物作为标准，从低到高分为10级，见表2-1。

表 2-1　摩氏硬度计

相对硬度等级	1	2	3	4	5	6	7	8	9	10
标准矿物	滑石	石膏	方解石	萤石	磷灰石	长石	石英	黄玉	刚玉	金刚石

注：为记忆这10种矿物，可用顺口溜方法，即只记矿物的第一个汉字："滑石方萤磷；长石黄刚金"。或"滑石方、萤磷长、石英黄玉、刚金刚"。

(2)解理与断口。解理是指矿物受打击后，能沿一定晶面裂开成光滑平面的性质。裂开的面称为解理面，按解理面的完好程度解理可分为极完全解理、完全解理、中等解理和不完全解理。

极完全解理：极易劈开成薄片，解理面大而完整、平滑光亮，如云母。

完全解理：常沿解理方向开裂成小块，解理面平整光滑，如方解石。

中等解理：既有解理面又有断口，如正长石。

不完全解理：常出现断口，解理面很难出现，如磷灰石。

矿物在外力打击下，沿任意方向发生的不规则裂口称为断口。常见的有贝壳状断口(如石英)、参差状断口(如黄铁矿)、锯齿状断口(如自然铜、石膏等)等。

矿物解理的完全程度与断口是相互消长的，解理完全时则不显断口。反之，解理不完全或无解理时，则断口显著。解理是矿物的一个重要鉴定特征。矿物解理的发育程度，会对岩石的力学性质产生重要的影响。

(3)其他性质。矿物的磁性是矿物晶体在外磁场中被磁化时，所表现出的能被外磁场吸引或排斥或对外界产生磁场的性质。

矿物的电学性质为导电性、介电性、压电性等。

矿物的放射性是矿物中的放射性元素(铀、钍、镭等)自发地从原子核内部放出粒子或射线，同时释放出能量的现象。

矿物的发光性是矿物在外来能量的激发下发出可见光的现象。

矿物的延性是矿物受到张力作用时，能延伸成为细丝的性质。

矿物的展性是矿物受到锤压或滚轧时，能展成薄片的性质。

矿物的脆性是矿物受到外力打击或碾压时，易于碎裂的性质。

矿物的弹性在矿物学中一般专指具有片状解理或呈纤维状的矿物，其薄片或纤维在外力作用下能显著弯曲而不断裂，当外力除去后又能恢复原状的性质，如云母、石棉等矿物具有弹性。

矿物的挠性在矿物学中专指具有片状解理的矿物，其薄片在外力作用下能显著弯曲而不断裂，但在外力除去后不能恢复原状的性质，如辉钼矿、绿泥石等矿物就具有挠性。

2.1.3 主要造岩矿物的肉眼鉴定

常见的造岩矿物及其肉眼鉴定方法见表2-2。

表2-2 常见造岩矿物的物理性质简表

矿物名称及化学成分	形态	物理性质				主要鉴定特征
		颜色	光泽	硬度	解理与断口	
石英(SiO_2)	晶体呈六棱柱状或双锥状，集合体呈粒状或块状	纯净的为无色，一般呈乳白色或浅灰色，含机械混入物可呈多样化的颜色	玻璃光泽，断口为油脂光泽	7	无解理，具贝壳状断口	常呈六棱柱状或双锥状，柱面上有横纹，断口油脂光泽，无解理，贝壳状断口，硬度高
正长石 ($K[AlSi_3O_8]$)	晶体呈短柱状、厚板状，集合体常呈块状、粒状	多为肉红色，也有浅玫瑰色或近于白色	玻璃光泽	6~6.5	两组完全解理，解理交角90°	肉红色，短柱状，厚板状晶形，硬度高
斜长石 ($Na[AlSi_3O_8]$~$Ca[AlSi_3O_8]$)	晶体呈板状、厚板状，集合体常呈块状和粒状	白色、灰白色	玻璃光泽	6~6.5	两组完全解理，解理交角85°	灰白色和白色，解理，聚片双晶
黑云母 ($K(Mg，Fe)_3$ $[AlSi_3O_{10}](OH，F)_2$)	晶体呈板状或片状，集合体呈片状或鳞片状	黑色、棕色、褐色	玻璃光泽，解理面上具珍珠光泽	2~3	一组极完全解理	板状、片状形态，黑色与深褐色，一组极端无全解理，薄片具弹性等
方解石 ($Ca[CO_3]$)	晶体呈菱面体，集合体呈粒状、块状、钟乳状等	无色或白色，因含杂质可具多种颜色	玻璃光泽	3	菱面体完全解理	菱面体完全解理，遇冷稀HCl剧烈起泡

矿物名称及化学成分	形态	物理性质				主要鉴定特征
		颜色	光泽	硬度	解理与断口	
白云石 ($CaMg[CO_3]_2$)	晶体呈菱面体，晶面常弯曲成马鞍形，集合体常呈致密块状、粒状	无色、白色或灰色，有时为淡黄色、淡红色	玻璃光泽	3.5~4	菱面体完全解理	马鞍形的晶体外形，与冷稀HCl反应微弱
高岭石 ($Al_4[Si_4O_{10}](OH)_8$)	多为隐晶质致密块状或土状集合体	白色，因含杂质可呈浅红、浅黄等色	土状光泽或蜡状光泽	1~3	土状断口	白色，土状块体，手捏成粉末和水湿润后具可塑性
石膏 ($Ca[SO_4]_2H_2O$)	晶体呈厚板状或柱状，集合体常呈块状或粒状，有时呈纤维状	常为白色及无色，含杂质可呈灰、浅黄、浅褐等色	玻璃光泽，解理面为珍珠光泽，纤维状集合体呈丝绢光泽	2	一组极完全解理，两组中等解理	板状晶体，硬度低，一组极完全解理
滑石 ($Mg_3[Si_4O_{10}](OH)_2$)	晶体呈板状，但少见；集合体常呈片状、鳞片状或致密块状	纯者无色，但常因杂质呈咛黄、粉红、浅绿和浅褐等色	玻璃光泽，解理面上呈珍珠光泽	1	一组极完全解理	低硬度（指甲可刻划），具滑感，片状集合体，并有一组极完全解理
绿泥石 ($(Mg, Al, Fe)_6[Si, Al_4O_{10}](OH)_8$)	晶体呈假六方板状、片状，集合体常为鳞片状、土状或块状	呈各种色调的绿色	玻璃光泽或土状光泽，解理面呈珍珠光泽	2~2.5	一组极完全解理	绿色，一组极完全解理，硬度低，薄片具挠性

2.2 岩浆岩

2.2.1 岩浆岩的成因

1. 岩浆岩的概念

火山喷发时，会从地壳深部喷出大量的炽热气体和熔融物质，这些熔融物质就是岩浆。岩浆岩是由高温熔融的岩浆在地表或地下经冷凝所形成的岩石，也称火成岩。

2. 岩浆岩的类型

岩浆岩按其生成环境可分为浸入岩和喷出岩。岩浆从地壳深部向上侵入的过程中，有的在地下冷凝结晶成岩石，即侵入岩；有的喷射或溢出地表后才冷凝而成岩石，即喷出岩。

2.2.2 岩浆岩的产状

岩浆岩生产的空间位置和形状、大小称为岩浆岩的产状，如图 2-2 所示。

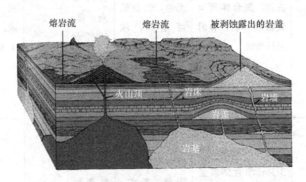

图 2-2　岩浆岩产状示意图

1. 侵入岩的产状

侵入岩按距地表的深浅程度，又分为浅成岩(一般限定深度是 1.5～3 km)和深成岩(一般限定的深度是大于 3 km)。

浅成岩一般为小型岩体，产状包括岩脉、岩床和岩盘；深成岩常为大型岩体，产状包括岩株和岩基等。

岩脉：岩脉是岩浆沿着岩层裂隙侵入并切断岩层所形成的狭长形岩体。岩脉规模变化较大，宽可由几厘米(或更小)到数十米(或更大)，长由数米(或更小)到数公里或数十公里。

岩床：岩床是流动性较大的岩浆顺着岩层层面侵入形成的板状岩体。形成岩床的岩浆成分常为基性，岩床规模变化也大，厚度常为数米至数百米。

岩盘：岩盘又称岩盖，是指黏性较大的岩浆顺岩层侵入，并将上覆岩层拱起而形成的穹隆状岩体。岩盘主要由酸性岩构成，也有由中性、基性岩浆构成的岩盘。

岩基：岩基是规模巨大的侵入体，其面积一般在 100 km² 以上，甚至可超过几万平方公里。岩基的成分是比较稳定的，通常由花岗岩、花岗闪长岩等酸性岩组成。

岩株：岩株是面积不超过 100 km² 的深层侵入体。其形态不规则。岩株的成分多样，但普遍为酸性和中性。

2. 喷出岩的产状

最常见的喷出岩有火山锥和熔岩流。火山锥是岩浆沿着一个孔道喷出地面形成的圆锥形岩体，其由火山口、火山颈及火山锥状体组成。熔岩流是岩浆流出地表顺山坡和河谷流动冷凝而形成的层状或条带状岩体，大面积分布的熔岩流叫作熔岩被。

2.2.3 岩浆岩的矿物成分

岩浆岩的矿物成分能够反映它们的化学成分、生成条件以及成因等变化规律。自然界矿物的种类很多，但组成岩浆岩的常见矿物不过 20 多种。岩浆岩中长石含量最多，占整个岩浆岩矿物成分的 60.2％以上，其次是石英和辉石，其他矿物的含量较少。因此，长石和石英的含量以及长石的种类，往往是岩浆岩分类和命名的重要依据。

2.2.4 岩浆岩的结构

岩浆岩的结构是指矿物的结晶程度、晶粒大小、形态及晶粒之间或晶粒与玻璃质间的相互结合方式。

由于岩浆的化学成分和冷凝环境不同，故冷凝速度不同，因此岩浆岩的结构也就存在差异。

1. 按晶粒的绝对大小划分

显晶质结构：岩石中的矿物颗粒较大，用肉眼可以分辨并鉴定其特征，一般为深成侵入岩所具有的结构。

隐晶质结构：岩石中矿物颗粒细小，只有在偏光显微镜下方可识别。这种结构比较致密，一般无玻璃光泽和贝壳状断口，但常有瓷状断面。

玻璃质结构：岩石由非晶质的玻璃质组成，各种矿物成分混沌成一个整体，在喷出岩中可见。

2. 按晶粒的相对大小划分

等粒结构：岩石中同种矿物颗粒大小相近。

不等粒结构：组成岩石的主要矿物结晶颗粒大小不等，相差悬殊。大的称斑晶，小的称基质。若基质为非晶质或隐晶质则称为斑状结构，若基质为显晶质则称为似斑状结构。

2.2.5 岩浆岩的构造

岩浆岩的构造是指岩石中各种矿物集合体在空间排列及充填方式上所表现出来的特征。

岩浆岩常见的构造有块状构造、条带状构造、流纹状构造、气孔状构造、杏仁状构造。

块状构造：块状构造是指组成岩石的矿物颗粒无一定排列方向，而是均匀地分布在岩石中，不显层次，呈致密块状。这是侵入岩的常见构造。

条带状构造：条带状构造是指岩石中不同的矿物成分、结构、颜色等呈条带状分布，条带与条带之间彼此近于平行，相间排列，即为条带状结构，如图 2-3 所示。

流纹状构造：流纹状构造是指岩石中不同颜色的条纹和拉长的气孔等沿一定方向排列所形成的外貌特征，如图 2-3 所示。这种构造是喷出地表的熔浆在流动过程中冷却形成的。

图 2-3　辉长岩的条带状构造、流纹状构造

气孔状构造：气孔状构造是指岩浆凝固时，挥发性的气体未能及时逸出，在岩石中留下许多圆形、椭圆形或长管形的孔洞，如图 2-4 所示。

杏仁状构造：杏仁状构造是指岩石中的气孔，为后期矿物（如方解石、石英等）充填所形成的一种形如杏仁的构造，如图 2-5 所示。

图 2-4　气孔状构造

图 2-5　杏仁状构造

2.2.6 岩浆岩的分类及常见的岩浆岩

通常根据岩浆岩的成因、矿物成分、化学成分、结构、构造及产状等方面的综合特征，将岩浆岩分为四大类型：酸性岩、中性岩、基性岩和超基性岩（表 2-3）。

表 2-3　常见岩浆岩分类及肉眼鉴定表

岩石类型			超基性岩	基性岩	中性岩		酸性岩
化学成分			富含 Fe、Mg		富含 Si、Al		
SiO$_2$ 的质量分数/%			<45	45～52	52～65		>65
颜色			黑色、绿黑色	黑色、灰黑色	灰色、灰绿色		灰白色、肉红色
主要矿物成分			橄榄石、辉石	斜长石、辉石	斜长石、角闪石	正长石、角闪石	石英、正长石
次要矿物成分			角闪石	正长石、黑云母	正长石、黑云母	斜长石、黑云母	
喷出岩	杏仁状构造、块状构造	玻璃质结构、隐晶质结构	黑曜岩、浮岩、凝灰岩、火山角砾岩、火山集块岩				
	流纹状构造、气孔状构造	斑状结构	苦橄岩（少见）	玄武岩	安山岩	粗面岩	流纹岩
浅成岩	块状构造、气孔状构造（少数）	斑状结构、半晶质结构、粒状结构	苦橄斑岩（少见）	辉绿岩	闪长斑岩	正长斑岩	花岗斑岩
深成岩	块状构造	全晶质结构、粒状结构	橄榄岩、辉石岩	辉长岩	闪长岩	正长岩	花岗岩

1. 酸性岩类

花岗岩：深成侵入岩，多呈肉红色、灰色或灰白色，矿物成分主要为石英、正长石和斜长石，其次有黑云母、角闪石等次要矿物，全晶质等粒结构（也有不等粒或似斑状结构），块状构造。花岗岩分布广泛，性质均匀、坚固，是良好的建筑石料。

花岗斑岩：浅成侵入岩，斑状结构，斑晶主要有钾长石、斜长石或石英，块状构造，颜色同花岗岩。

流纹岩：喷出岩，常呈灰白、浅灰或灰红色，斑状结构，斑晶多为斜长石、石英或正长石，具典型的流纹状构造，抗压强度略低于花岗岩。

2. 中性岩类

正长岩：深成侵入岩，肉红色、浅灰或浅黄色，全晶质等粒结构或似斑状结构，块状构造，主要矿物成分为正长石，含黑云母和角闪石，石英含量极少，不如花岗岩坚硬，且易风化。

正长斑岩：浅成侵入岩，一般呈棕灰色或浅红褐色，斑状结构，斑晶主要为正长石，基质比较致密。

闪长岩：深成侵入岩，灰白、深灰至灰绿色，主要矿物为斜长石和角闪石，其次有黑云母和辉石。全晶质等粒结构，块状构造，闪长岩结构致密，强度高，且具有较高的韧性和抗风化能力，是优质的建筑石料。

闪长玢岩：浅成侵入岩，灰色或灰绿色，斑状结构，斑晶为斜长石或角闪石，块状构造。

安山岩：喷出岩，灰色、紫色或绿色，斑状结构，主要矿物成分为斜长石、角闪石，斑晶常为斜长石，有时具有气孔状或杏仁状构造。

3. 基性岩类

辉长岩：深成侵入岩，灰黑、暗绿色，全晶质等粒结构，主要矿物以斜长石和辉石为主，有少量橄榄石、角闪石和黑云母，块状构造，辉长岩强度高，抗风化能力强。

辉绿岩：浅成侵入岩，灰绿或黑绿色。结晶质细粒结构，块状构造，强度较高，是优良的建筑材料。

玄武岩：喷出岩，灰黑至黑色，隐晶质结构或斑状结构，矿物成分与辉长岩相似。常具气孔或杏仁状构造，玄武岩致密坚硬，性脆，强度较高，但是多孔时强度较低，较易风化。

4. 超基性岩类

橄榄岩：深成岩，暗绿色或黑色，全晶质中、粗等粒结构，组成矿物以橄榄石、辉石为主，其次为角闪石等，块状构造。

2.3 沉积岩

2.3.1 沉积岩的形成

1. 沉积岩的定义

沉积岩是在地表常温常压下，由外动力地质作用促使地壳表层先生成的矿物和岩石遭到破坏，将其松散碎屑搬运到适宜的地带沉积下来，再经压固、胶结形成层状的岩石。

沉积岩广泛分布于地壳表层，出露面积约占陆地表面积的 75%。分布的厚度各处不一，最厚可超过 10 km，薄者只有数十米。沉积岩是地表常见的岩石，在沉积岩中蕴藏着大量的沉积矿产，比如煤、天然气、石油等。同时各种工程建筑，如道路、桥梁、水坝、矿山等几乎都以沉积岩为地基，沉积岩本身也是建筑材料的重要来源。因此，研究沉积岩的形成条件、组成成分、结构和构造等特征有很大的实际意义。

2. 沉积岩的形成过程

沉积岩的形成过程是一个长期而复杂的外力地质作用过程，一般可分为以下四个阶段：

(1)松散破碎阶段。地表或接近于地表的各种先成岩石，在温度变化、大气、水及生物的长期作用下，使原来坚硬完整的岩石，逐步破碎成大小不同的碎屑，甚至改变了原来岩石的矿物成分和化学成分，形成一种新的风化产物。

(2)搬运作用阶段。岩石风化作用的产物，除少数部分残留原地并堆积外，大部分被剥离原地，经流水、风及重力作用等搬运到低处。在搬运过程中，不稳定成分继续受到风化，破碎物质经受磨蚀，棱角不断磨圆，颗粒逐渐变细。

(3)沉积作用阶段。当搬运力逐渐减弱时，被携带的物质便陆续沉积下来。在沉积过程中，大的、重的颗粒先沉积，小的、轻的颗粒后沉积。因此，沉积作用阶段具有明显的分选性。最初沉积的物质呈松散状态，称为松散沉积物。

(4)固结成岩阶段。固结成岩阶段即松散沉积物转变成坚硬沉积岩的阶段。固结成岩的作用主要有压实、胶结、重结晶作用三种。

①压实：上覆沉积物的重力压固，导致下伏沉积物孔隙减小，水分挤出，从而变得紧密坚硬。

②胶结：其他物质充填到碎屑沉积物粒间孔隙中，使其胶结变硬。

③重结晶作用：新成长的矿物产生结晶质间的联结。

2.3.2　沉积岩的物质组成

沉积岩的物质成分主要来源于先生成的各种岩石的碎屑、造岩矿物和溶解物质。其中组成沉积岩的矿物，最常见的有 20 种左右，而每种沉积岩一般由 1～3 种主要矿物组成。组成沉积岩的物质按成因可分为以下五类。

1. 碎屑物质

碎屑物质是原岩经风化破碎而生成的呈碎屑状态的物质，其中主要有矿物碎屑（如石英、长石、白云母等一些抵抗风化能力较强、较稳定的矿物颗粒）、岩石碎块、火山碎屑等。在岩浆岩中常见的橄榄石、辉石、角闪石、黑云母、基性斜长石等形成于高温高压环境，故其在常温常压表生条件下是不稳定的。岩浆岩中的石英，大部分形成于岩浆结晶的晚期，在原生条件下稳定性较强，所以其一般以碎屑物的形式出现于沉积岩中。

2. 黏土矿物

黏土矿物主要是一些原生矿物经化学风化作用分解后所产生的次生矿物。它们是在常温常压下，富含二氧化碳和水的表生环境条件下形成的，如高岭石、蒙脱石、伊利石、水云母等。这些矿物粒径小于 0.005 mm，具有很大的亲水性、可塑性及膨胀性。

3. 化学沉积矿物

化学沉积矿物是由纯化学作用或生物化学作用从溶液中沉淀结晶产生的沉积矿物，如方解石、白云石、石膏、岩盐、铁和锰的氧化物或氢氧化物等。

4. 有机质及生物残骸

有机质及生物残骸是由生物残骸或经有机化学变化而形成的矿物，如贝壳、珊瑚礁、硅藻土、泥炭、石油等。

5. 胶结物

胶结物指填充于沉积颗粒之间，并使之胶结成块的某些矿物质，常见的有硅质、铁质、钙质、泥质、灰质和火山凝灰质等。

2.3.3 沉积岩的结构

沉积岩的结构是指构成沉积岩颗粒的性质、大小、形态及其相互关系。常见的沉积岩结构有以下几种。

1. 碎屑结构

碎屑结构是由胶结物将碎屑胶结起来而形成的一种结构，其是碎屑岩的主要结构。碎屑物成分可以是岩石碎屑、矿物碎屑、石化的生物有机体或碎片以及火山碎屑等。按粒径大小，碎屑可分为砾状结构(粒径>2 mm)、砂状结构(粒径为 2～0.05 mm，其中粗砂结构，粒径为 2～0.50 mm；中砂结构，粒径为 0.50～0.25 mm；细砂结构，粒径为 0.25～0.05 mm)、粉砂状结构(粒径为 0.05～0.005 mm)。胶结物常见的有硅质、黏土质、钙质和火山灰等。

2. 泥质结构

泥质结构主要由极细的黏土矿物颗粒(粒径小于 0.005 mm)组成，外表呈致密状，其是黏土岩的主要结构。

3. 结晶粒状结构

结晶粒状结构是由岩石中的颗粒在水溶液中结晶(如方解石、白云石等)或呈胶体形态凝结沉淀(如燧石等)而成的，是化学岩的主要结构。

4. 生物结构

生物结构是由生物遗体或碎片所组成的结构，是生物化学岩所具有的结构。

2.3.4 沉积岩的构造

沉积岩的构造是指其组成部分的空间分布及其相互间的排列关系。沉积岩最主要的构造是层理构造和层面构造。它不仅反映了沉积岩的形成环境，还是沉积岩区别于岩浆岩和某些变质岩的构造特征。

1. 层理构造

层理构造是指构成沉积岩的物质由于颜色、成分、颗粒粗细或颗粒特征的不同而形成的分层现象。层理是沉积岩成层的性质。层与层之间的界面称为层面。上下两个层面间成分基本一致的岩石，称为岩层。它是层理最大的组成单位。

层理按形态分为平行层理、斜层理和波状层理三种(图 2-6)，它反映了当时的沉积环境和介质运动强度及特征。水平层理的各层层理面平直且互相平行，其是在水动力较平稳的海、湖环境中形成的；波状层理的层理面呈波状起伏，显示沉积环境的动荡，其在海岸、湖岸地带表现明显；斜层理的层理面倾斜与大层层面斜交，倾斜方向表示介质(水或风)的运动方向。根据层的厚度可划分为巨厚层状(大于 1.0 m)、厚层状(1.0～0.5 m)、中厚层状(0.5～0.1 m)和薄层状(小于 0.1 m)。

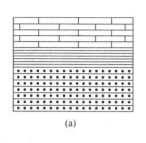 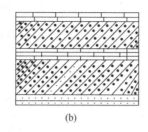 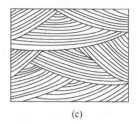

图 2-6　沉积岩的层理

(a)平行层理；(b)斜层理；(c)波状层理

2. *层面构造图*

层面构造是指在层面上还保留有沉积岩形成时的某些特征，如波痕、雨痕及泥裂等。

波痕是指岩石层面上保存原沉积物受风和水的运动影响形成的波浪痕迹；雨痕是指雨点降落在未固结的泥质、砂质沉积物表面，所产生圆形或椭圆形的凹穴；泥裂是指沉积物露出地表后干燥而裂开的痕迹。这种痕迹一般是上宽下窄，并为泥砂所充填。

3. *结核*

在沉积岩中，含有一些在成分上与围岩有明显差别的物质团块，称为结核。结核由某些物质集中凝聚而成，外形常呈球形、扁豆状及不规则形状。

4. *生物成因构造*

生物成因构造是指由于生物的生命活动和生态特征，而在沉积物中形成的构造，如生物礁体、叠层构造、虫迹、虫孔等。

2.3.5　沉积岩的分类及常见沉积岩

沉积岩按成因、物质成分和结构特征分为碎屑岩、黏土岩、化学和生物化学岩三大类(表 2-4)。

1. *碎屑岩类*

(1)砾岩：由粒径大于 2 mm 的粗大碎屑和胶结物组成。岩石中大于 2 mm 的碎屑含量在 50% 以上，碎屑呈浑圆状，成分一般为坚硬而化学性质稳定的岩石或矿物，如脉石英、石英岩等。胶结物的成分有钙质、泥质、铁质及硅质等。

(2)角砾岩：和砾岩一样，大于 2 mm 的碎屑粒径在 50% 以上，但碎屑有明显棱角。角砾岩的岩性成分多种多样。胶结物的成分有钙质、泥质、铁质及硅质等。

表2-4 沉积岩的分类简表

岩类		结构	主要岩石分类名称	主要分类及其组成物质
碎屑岩类	火山碎屑岩	集块结构 (粒径>100 mm)	火山集块岩	主要由粒径大于100 mm的熔岩碎块、火山灰等经压密胶结而成
		角砾结构 (粒径为2~100 mm)	火山角砾岩	主要由粒径为2~100 mm的熔岩碎屑、晶屑、玻璃屑及其他碎屑混入物组成
		凝灰结构 (粒径<2 mm)	凝灰岩	由50%以上粒径小于2 mm的火山灰组成,其中有岩屑、晶屑、玻璃屑等细粒碎屑物质
	沉积碎屑岩	砾状结构 (粒径>2 mm)	砾岩	角砾岩由带棱角的角砾经胶结而成,砾岩由浑圆的砾石经胶结而成
		砂质结构 (粒径为0.074~2 mm)	砂岩	石英砂岩 石英(质量分数>90%),长石和岩屑(质量分数<10%)
				长石砂岩 石英(质量分数<75%),长石(质量分数>25%),岩屑(质量分数<10%)
				岩屑砂岩 石英(质量分数<75%),长石(质量分数<10%),岩屑(质量分数>25%)
		粉砂质结构 (粒径为0.002~0.074 mm)	粉砂岩	主要由石英、长石及黏土矿物组成
黏土岩类		泥质结构 (粒径<0.002 mm)	泥岩	主要由高岭石等黏土矿物组成
			页岩	黏土质页岩 由黏土矿物组成
				碳质页岩 由黏土矿物及有机质组成
化学及生物化学岩类		结晶结构及生物结构	石灰岩	泥灰岩 方解石(质量分数为50%~75%),黏土矿物(质量分数为25%~50%)
				石灰岩 方解石(质量分数>90%),黏土矿物质(质量分数<10%)
			白云岩	灰质白云岩 白云石(质量分数为50%~75%),黏土矿物(质量分数为25%~50%)
				白云岩 白云石(质量分数>90%),方解石(质量分数<10%)

(3)砂岩:由粒径介于2~0.05 mm的砂粒胶结而成,且这种粒径的碎屑含量超过50%。按砂粒的矿物组成,可分为石英砂岩、长石砂岩和岩屑砂岩等。按砂粒粒径的大小,可分为粗粒砂岩、中粒砂岩和细粒砂岩。胶结物的成分对砂岩的物理力学性质有着重要的影响。根据胶结物的成分,又可将砂岩分为硅质砂岩、铁质砂岩、钙质砂岩及泥质砂岩几类。硅质砂岩的颜色浅、强度高、抵抗风化的能力强。泥质砂岩一般呈黄褐色,吸水性大,易软化、强度差。铁质砂岩常呈紫红色或棕红色,钙质砂岩呈白色或灰白色,强度介于硅

质与泥质砂岩之间。砂岩分布很广，易于开采加工，是工程上广泛采用的建筑石料。

2. 黏土岩类

黏土岩主要由粒径小于 0.005 mm 的颗粒组成，并含大量黏土矿物。此外，还含有少量的石英、长石、云母。黏土岩一般都具有可塑性、吸水性、耐火性等，有重要的工程意义。主要的黏土岩有两种，即泥岩和页岩。

(1)泥岩：泥岩是固结程度较高的一种黏土岩，成分与页岩相似，常成厚层状。以高岭石为主要成分的泥岩常呈灰白色或黄白色，吸水性强，遇水后易软化；以微晶高岭石为主要成分的泥岩，常呈白色、玫瑰色或浅绿色，表面有滑感，可塑性小，吸水性高，吸水后体积急剧膨胀。泥岩夹于坚硬岩层之间，形成软弱夹层，浸水后易于软化，致使上覆岩层发生顺层滑动。

(2)页岩：页岩是由黏土脱水胶结而成，以黏土矿物为主，大部分有明显的薄层理，呈页片状。依据胶结物可分为硅质页岩、黏土质页岩、砂质页岩、钙质页岩及碳质页岩。除硅质页岩强度稍高外，其余岩性软弱，易风化成碎片，强度低，与水作用易于软化而降低其强度。

3. 化学岩和生物化学岩类

(1)石灰岩：石灰岩简称灰岩，主要化学成分为碳酸钙，矿物成分以结晶的细粒方解石为主，其次含有少量的白云石和黏土矿物。颜色多为深灰、浅灰，纯质灰岩呈白色。石灰岩一般遇酸起泡剧烈，硅质、泥质较差。石灰岩分布相当广泛，岩性均一，易于开采加工，是一种用途很广的建筑石料。

(2)白云岩：白云岩主要由白云石组成，常含有少量的方解石和黏土矿物。颜色多为灰白色、浅灰色，含泥质时呈浅黄色。隐晶质或细晶粒状结构。性质与石灰岩相似，但加冷稀盐酸不起泡或微弱起泡，强度比石灰岩高，是一种良好的建筑石料。

(3)泥灰岩：泥灰岩、石灰岩中均含有一定数量的黏土矿物，若含量达 30%～50%，则称为泥灰岩。颜色有灰色、黄色、褐色、红色等。滴盐酸起泡后留有泥质斑点。结构致密，易风化，抗压强度低，较好的泥灰岩可作水泥原料。

2.4　变质岩

2.4.1　变质岩的成因

1. 变质岩的定义

地壳中的原岩受到温度、压力及化学活动性流体的影响，在固体状态下发生剧烈变化后形成的新的岩石称变质岩。形成变质岩的作用叫变质作用。

2. 变质岩的类型

根据形成变质岩的原岩的不同，可将变质岩分为两大类：一类是由岩浆岩经变质作用形成的变质岩，叫正变质岩；另一类是由沉积岩经变质作用形成的变质岩，叫副变质岩。

3. 变质作用的因素

引起变质作用的因素有温度、压力及化学活动性流体。变质温度的基本来源包括地壳深处的高温、岩浆及地壳岩石断裂错动产生的高温等。引起岩石变质的压力包括上覆岩石重量引起的静压力、侵入于岩体空隙中的流体所形成的压力，以及地壳运动或岩浆活动产生的定向压力。化学活动性流体则是以岩浆、H_2O、CO_2 为主，并含有一些其他的易挥发、易流动的物质。

2.4.2　变质岩的矿物成分

组成变质岩的矿物，除含有岩浆岩和沉积岩中的矿物外，还有一部分为变质岩所特有的矿物。

变质岩的物质成分十分复杂，它既有原岩成分，又有变质过程中新产生的成分。就变质岩的矿物成分而论，可以分为两大类：一类是岩浆岩，也有沉积岩，如石英、长石、云母、角闪石、辉石、方解石、白云石等，它们大多是原岩残留物，或者是在变质作用中形成的；另一类只能是在变质作用中产生而为变质岩所特有的变质矿物，如石榴子石、滑石、绿泥石、蛇纹石等。根据变质岩特有的变质矿物，可把变质岩与其他岩石区别开来。

2.4.3　变质岩的结构

变质岩的结构按成因可分为变晶结构、变余结构、碎裂结构。

1. 变晶结构

变晶结构指原岩在固态条件下，岩石中的各种矿物同时发生重结晶或变质结晶所形成的结构。因变质岩的变晶结构与岩浆岩的结构相似，故为了区别起见，一般在岩浆岩结构名称上加"变晶"二字。

根据变质矿物的粒度分为等粒变晶结构(图 2-7)、不等粒变晶结构及斑状变晶结构(图 2-8)；按变晶矿物颗粒的绝对大小可分为粗粒变晶结构(粒径大于 3 mm)、中粒变晶结构(粒径 1～3 mm)、细粒变晶结构(粒径小于 1 mm)。根据变晶矿物颗粒的形状，分为粒状变晶结构、纤维状变晶结构和鳞片状变晶结构等。

2. 变余结构

当岩石轻微变质时，重结晶作用不完全，变质岩还可保留有母岩的结构特点，即称为变余结构。如泥质砂岩变质以后，泥质胶结物变成绢云母和绿泥石，而其中碎屑物质(如石英)不发生变化，便形成变余砂状结构。还有其他的变余结构，如与岩浆岩有关的变余斑状结构、变余花岗结构等。

3. 碎裂结构

局部岩石在定向压力的作用下，引起矿物及岩石本身发生弯曲、破碎，而后又被粘结起来而形成新的结构，称为碎裂结构。碎裂结构常具条带和片理，是动力变质中常见的结构。根据破碎程度可分为碎裂结构、碎斑结构、糜棱结构三种。

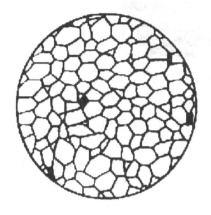

图 2-7 等粒变晶结构　　　　图 2-8 斑状变晶结构

2.4.4 变质岩的构造

原岩经过变质作用后，其中的矿物颗粒在排列方式上大多具有定向性，即能沿矿物排列方向劈开。变质岩的构造是识别变质岩的重要标志。

常见的变质岩构造有板状构造、千枚状构造、片状构造、片麻状构造、块状构造。

板状构造：具这种构造的岩石中，矿物颗粒很细小，肉眼不能分辨，但它们具有一组组平行破裂面，沿破裂面易于裂开成光滑、平整的薄板。破裂面上可见由绢云母、绿泥石等微晶形成的微弱丝绢光泽(图 2-9)。

图 2-9 板状构造

千枚状构造：具这种构造的岩石中矿物颗粒很细小，肉眼难以分辨。岩石中的鳞片状矿物呈定向排列，定向方向易于劈开成薄片，具丝绢光泽，断面参差不齐(图 2-10)。

图 2-10　千枚状结构

片状构造：重结晶作用明显，片状、板状或柱状矿物定向排列，沿平行面很容易剥开呈不规则的薄片，光泽很强。

片麻状构造：颗粒粗大，片理很不规则，粒状矿物呈条带状分布，少量片状、柱状矿物相间断续平行排列，沿片理面不易裂开。

块状构造：岩石中结晶的矿物无定向排列，也不能定向劈开。

2.4.5　变质岩的分类及主要变质岩

1. 变质岩分类

根据变质岩的构造特征，通常把变质岩分为片理状岩类和块状岩类两大类。

(1)片理状岩类是具有板状构造、千枚状构造、片状构造和片麻状构造的变质岩，如片麻岩、片岩、千枚岩、板岩等。

(2)块状岩类是具有块状构造的变质岩，如大理岩、石英岩、蛇纹岩等。

按变质岩的构造分类，可归纳成表 2-5。

表 2-5　按变质岩构造分类简表

岩类	构造	岩石名称	主要岩类及其矿物成分
片理岩类	板状	板岩	矿物成分为黏土矿物、绢云母、石英、绿泥石、黑云母、白云母等
	千枚状	千枚岩	矿物成分以绢云母为主，其次为石英、绿泥石等
	片状	片岩	云母片岩：矿物成分以云母、石英为主，其次为角闪石等
			滑石片岩：矿物成分以滑石、绢云母为主，其次为绿泥石、方解石等
			绿泥石片岩：矿物成分以绿泥石、石英为主，其次为滑石、方解石等
	片麻状	片麻岩	花岗片麻岩：矿物成分以正长石、石英、云母为主，其次为角闪石，有时含石榴子石
			角闪石片麻岩：矿物成分以斜长石、角闪石为主，其次为云母，有时含石榴子石
块状岩类	块状	大理岩	矿物成分以方解石为主，其次为白云石等
		石英岩	矿物成分以石英为主，有时含有绢云母、白云母等

2. 主要变质岩及其特征

常见的变质岩有片麻岩、片岩、千枚岩、大理岩、石英岩等。

片麻岩：片麻状构造。晶粒粗大，变晶或变余结构。主要矿物为石英和长石，其次有云母、角闪石、辉石等。片麻岩由砂岩、花岗岩变质而成。片麻岩强度较高，如云母含量增多，强度相应降低。因具片麻状构造，故较易风化。

片岩：片状构造，变晶结构。片岩主要由一些片状、柱状矿物（如云母、绿泥石、角闪石等）和粒状矿物（石英、长石、石榴子石等）组成。片岩的片理一般比较发育，片状矿物含量高，强度低，抗风化能力差，极易风化剥落，岩体也易沿片理的倾斜方向塌落。

千枚岩：千枚状构造。千枚岩由黏土岩、粉砂岩、凝灰岩变质而成。矿物成分主要为石英、绢云母、绿泥石等。千枚岩的质地松软，强度低，抗风化能力差，容易风化剥落，沿片理倾斜方向容易产生塌落。

大理岩：由石灰岩或白云岩经重结晶变质而成，等粒变晶结构、块状构造。主要矿物成分为方解石，遇稀盐酸强烈起泡。大理岩常呈白色、浅红色、淡绿色、深灰色以及其他各种颜色，常因含有其他带色杂质而呈现出美丽的花纹。大理岩强度中等，易于开采加工，色泽美丽，是一种很好的建筑装饰石料。

石英岩：结构和构造与大理岩相似。一般由较纯的石英砂岩或硅质岩变质而成，常呈白色，因含杂质可出现灰白色、灰色、黄褐色或浅紫红色。石英岩强度很高，抵抗风化的能力很强，是良好的建筑石料，但由于其硬度很高，故开采加工相当困难。

2.5 岩石的工程地质性质与工程分类

岩石的工程地质性质，主要包括物理性质和力学性质两个方面。

2.5.1 岩石的主要物理性质

岩石的物理性质是岩石的基本性质，主要是指岩石的密度和空隙性。

1. 岩石的密度

岩石的密度是试件质量与试件体积的比值，即

$$\rho = \frac{m}{V}$$

式中　ρ——岩石的密度，g/cm^3；

　　　m——岩石的总质量，g；

　　　V——岩石的总体积，cm^3。

常见岩石的密度为 $2.3 \sim 2.8\ g/cm^3$。根据岩石含水状态的不同分为以下两种情况：当岩石孔隙中不含水时的密度，称为干密度；岩石中孔隙全部被水填充时的密度，称为饱和密度。

岩石的重力密度，也叫作重度，其是指岩石单位体积的重量，在数值上等于岩石试件的总重量（包括空隙中的水重）与其总体积（包括空隙体积）之比，单位为 kN/m³。岩石空隙中完全没有水存在时的重度，称为干重度；岩石中的空隙全部被水充满时的重度，则称为岩石的饱和重度。

2. 岩石的相对密度

岩石的相对密度是岩石固相物质的质量与同体积水在 4 ℃时的质量的比值，即

$$D=\frac{m_s}{V_s\rho_w}=\frac{m_s}{V_s}$$

式中 D——岩石的相对密度，g/cm³；

m_s——固体岩石的质量，指不包含气体和水在内的干燥岩石的质量，g；

V_s——固体岩石的体积，指不包括孔隙在内的岩石的实体体积，cm³；

ρ_w——4 ℃时水的密度，g/cm³。

相对密度是量纲为 1 的量，在数值上等于固体岩石单位体积的质量。

岩石相对密度的大小，取决于组成岩石的矿物的相对密度及其在岩石中的质量分数。常见岩石的相对密度一般为 2.5～3.3。

3. 岩石的空隙性

岩石的空隙性是岩石的空隙性和裂隙性的总称，常用空隙率表示，或用孔隙率和裂隙率表示，即岩石的空隙性反映岩石中孔隙、裂隙的发育程度。

岩石空隙率的大小主要取决于岩石的构造，同时也受风化作用、岩浆作用、构造运动及变质作用的影响。由于岩石中空隙、裂隙发育程度变化很大，其孔隙率的变化也很大。一般坚硬岩石的孔隙率小于 2%～3%，但砾岩、砂岩等多孔岩石通常具有较大的孔隙率。

4. 岩石的含水率

岩石的含水率是试件在 105 ℃～110 ℃下烘干至恒重时所失去的水质量与试件干质量的比值，以百分数表示，即

$$w=\frac{m_0-m_s}{m_s}\times100\%$$

式中 w——岩石的含水率，%；

m_0——岩石含水时的质量，g；

m_s——干燥岩石的质量，g。

5. 岩石的吸水性

岩石在一定的条件下吸收水分的能力，称为岩石的吸水性。表征岩石吸水性的指标有吸水率、饱和吸水率和饱和系数。

（1）吸水率。吸水率是试件在大气压力和室温条件下吸入水的质量与试件固体质量的比值，即

$$w_1=\frac{m_{w_1}}{m_s}\times100\%$$

式中 w_1——岩石的吸水率,%;

m_{w_1}——岩石在常压条件下所吸收水分的质量,g;

m_s——干燥岩石的质量,g。

岩石的吸水率与岩石孔隙的大小和张开程度等因素有关。岩石的吸水率越大,水对岩石的侵蚀和软化作用就越强,岩石强度和稳定性受水作用的影响也就越显著。

(2)饱和吸水率。饱和吸水率是指岩石在高压(15 MPa)或真空条件下的吸水能力,在该条件下岩石所吸水分质量与干燥岩石质量之比,用百分数表示,即

$$w_2 = \frac{m_{w_2}}{m_s} \times 100\%$$

式中 w_2——岩石的饱和吸水率,%;

m_{w_2}——岩石在高压或真空条件下所吸收水分的质量,g;

m_s——干燥岩石的质量,g。

(3)保水系数。保水系数是指岩石的吸水率与饱和吸水率的比值,即一般岩石的饱水系数 K_w 介于 0.2~0.8 之间。饱水系数对于判别岩石的抗冻性具有重要意义,饱水系数越大,岩石的抗冻性越差。一般认为,饱水系数小于 0.8 的岩石是抗冻的。

2.5.2 岩石的主要力学性质

岩石的力学性质是指岩石在各种静力、动力作用下所表现的性质,主要包括强度和变形。岩石在外力作用下首先是变形,当外力继续增加,达到或超过某一极限时,便开始破坏。岩石的变形与破坏是岩石受力后发生变化的两个阶段。岩石抵抗外力面不破坏的能力称岩石强度,荷载过大并超过岩石所能承受的能力时,便造成破坏。

$$K_w = \frac{w_1}{w_2}$$

1. 强度指标

按外力作用方式的不同,将岩石强度分为抗拉强度、抗压强度和抗剪强度。岩石的破坏主要有压碎、拉断和剪断等形式。

(1)抗拉强度。岩石在单轴拉伸荷载作用下,达到破坏时所能承受的最大拉应力称为岩石的单轴抗拉强度,简称抗拉强度,即

$$\sigma_t = \frac{P_t}{A}$$

式中 σ_t——岩石的抗拉强度,kPa;

P_t——岩石受拉破坏时的总压力,kN;

A——岩石的受拉面积,m^2。

(2)单轴抗压强度。岩石在单轴压缩荷载作用下,达到破坏时所能承受的最大压应力称为岩石的单轴抗压强度,即

$$f_r = \frac{P_F}{A}$$

式中 f_r——岩石的抗压强度，kPa；

P_F——岩石受压破坏时的总压力，kN；

A——岩石的受压面积，m^2。

岩石的抗压强度主要取决于岩石的结构和构造以及矿物成分，一般在压力机上对岩石试件进行加压试验测定。

(3)抗剪强度。抗剪强度是指岩石抵抗剪切破坏的能力。抗剪强度的指标是黏聚力和内摩擦角，内摩擦角的正切即为摩擦因数。它又可分为抗剪断强度、抗剪强度和抗切强度。

①抗剪断强度指没有破裂面的试样在一定的垂直压应力的作用下，被剪断时的最大剪应力，即

$$\tau = \sigma \tan \varphi + c$$

式中 τ——岩石的抗剪断强度，kPa；

σ——破裂面上的法向应力，kPa；

c——岩石的黏聚力，kPa；

φ——岩石的内摩擦角，(°)；

$\tan \varphi$——岩石的摩擦因素。

②抗剪强度受荷载条件同前，但试件的剪切破裂面是预先制好的分裂开来的面，或是已剪断的试样，恢复原位后重新进行剪切，即

$$\tau = \sigma \tan \varphi$$

符号意义同上。

抗剪强度远低于抗剪断强度。

③抗切强度是指垂直压应力为零时，无裂隙岩石的最大剪应力，即

$$\sigma = c$$

符号意义同上。

岩石的抗压强度最高，抗剪强度居中，抗拉强度最小。抗剪强度为抗压强度的10％～40％，抗拉强度仅为抗压强度的2％～16％。岩石越坚硬，其值相差越大。岩石的抗剪强度和抗压强度是评价岩石稳定性的重要指标。

2. 变形指标

岩石的变形指标主要有弹性模量、变形模量和泊松比。

(1)弹性模量。弹性模量是指应力与弹性应变的比值，即

$$E = \frac{\sigma}{\varepsilon_e}$$

式中 E——弹性模量，MPa；

σ——正应力，MPa；

ε_e——弹性正应变。

(2)变形模量。变形模量是指应力与总应变的比值，即

$$E_0 = \frac{\sigma}{\varepsilon_e + \varepsilon_p} = \frac{\sigma}{\varepsilon}$$

式中　E_0——变形模量，MPa；

　　　ε_p——塑性正应变。

(3)泊松比。泊松比是指岩石在轴向压力作用下的横向应变和纵向应变的比值，即

$$\mu = \frac{\varepsilon_x}{\varepsilon_y}$$

式中　μ——泊松比；

　　　ε_x——横向应变；

　　　ε_y——纵向应变。

岩石的泊松比常在 0.2～0.4 之间。

小　结

本任务主要介绍了矿物、岩石的基本概念和主要性质，认识了常见的一些造岩矿物和常见岩石，以及岩石的工程地质性质与工程分类，为岩土工程性质的认识、分析奠定了一定的基础。

复习思考题

1. 什么是矿物？矿物有哪些物理性质？

2. 矿物的颜色和条痕的区别有哪些？

3. 什么是岩石？它同矿物有何关系？

4. 什么是岩浆岩的产状？侵入岩的产状都有哪些？

5. 什么是岩浆岩的结构？岩浆岩都有哪些结构类型？

6. 什么是沉积岩？它与岩浆岩有哪些区别(形成条件、化学成分、矿物成分、结构、构造等方面)？

7. 岩石的物理和力学性质有哪些？

任务3　认识地质构造

知识目标

1. 了解岩层产状的测定和表示方法；了解相对地质年代和绝对地质年代的含义；了解岩层间各种接触关系的类型及特征；了解地质图的含义及类型；了解褶皱、断层、地层接触关系等在地质图上的表示方法及特征。

2. 熟悉各种常见地质构造的含义、组成要素、分类及其特征，正确认识、研究和学习这些地质构造对工程建设的重要意义。

3. 掌握地壳运动、地质构造的概念；掌握岩层产状及产状要素的含义。

技能目标

能够阅读和分析一般地质图。

3.1　地壳运动

由地壳运动导致组成地壳的岩层和岩体发生变形或变位的现象，残留于地壳中的空间展布和形态特征，称为地质构造或构造形迹。地质构造包括岩层的倾斜构造、褶皱构造和断裂构造三种基本形态，以及隆起和凹陷等。它们都是地壳运动的产物，并与地震有着密切的关系。地质构造大大改变了岩层和岩体原来的工程地质性质，如褶皱和断裂使岩层产生弯曲、破裂和错动，破坏了岩层或岩体的完整性，降低了岩层或岩体的稳定性，增大了渗透性，使建筑地区工程地质条件复杂化。因此，研究地质构造不但有阐明和探讨地壳运动发生、发展规律的理论意义，而且对公路线路的布置、设计和施工以及指导工程地质、水文地质、地震预测预报工作等，都具有很重要的实际意义。

地壳运动是指由内力地质作用引起的地壳结构改变和地壳内部物质变位的运动。

地球自形成以来，一直处于运动状态。随着现代科学技术的发展，通过对地质资料的分析和仪器的测定，已经证实地壳运动的主要形式有升降运动和水平运动两种。

3.1.1　升降运动（垂直运动）

组成地壳的物质沿着地球半径方向发生上升或下降的交替性运动，称为升降运动。其主要表现为大面积的地壳上升或下降，形成大规模的隆起和凹陷，从而引起地势的高低起伏和海陆变迁。如喜马拉雅山地区在 40 Ma 前还是一片汪洋，近 25 Ma 以来开始从海底升起，直至 2 Ma 前才初具山脉的规模。到目前为止，总的上升幅度已超过 10 000 m，成为世界屋脊，并且仍以平均每年 1 cm 以上的速度继续上升。即使是"稳如泰山"的泰山，100 万年来也已上升了数百米。可见，地壳升降运动的速度虽然缓慢，但因经历的时间很长，造成地势的高低起伏是十分显著的。又如华北平原的部分沿海地区，近 1 Ma 以来下沉了 1 000 m以上，只是因为下沉的同时，由黄河、海河、滦河等带来的大量沉积物不断沉积，补偿着失去的高度，从而形成了现在的华北平原。地壳垂直运动的概念，在我国古籍上早有记载，如北宋的沈括(1031—1095 年)在《梦溪笔谈》中写道："予奉使河北，山崖之间，往往衔螺蚌壳及石子如鸟卵者，横亘石壁如带。此乃昔之海滨，今东距海已近千里。所谓大陆者，皆浊泥所湮耳。"这说明我国古代科学家对"沧海桑田""海陆变迁"等自然现象早有唯物辩证的认识。

3.1.2　水平运动

组成地壳的物质沿地球表面的切线方向发生相互推挤和拉伸的运动，称为水平运动。其主要表现为地壳岩层的水平位移，造成各种形态的褶皱和断裂构造，加剧地表的起伏。

例如，昆仑山、祁连山、秦岭以及世界上的许多山脉，都是由地壳的水平运动形成的褶皱山系。根据板块理论，美洲大陆和非洲大陆在 200 Ma 前为一个大陆，后来由于地壳的水平运动，使该大陆沿着一条南北方向的海底深沟发生破裂，一部分沿着地表向西移动，形成了今天的美洲大陆；另一部分成为今天的非洲大陆，两块大陆中间形成了广阔的大西洋。研究资料证明，目前沿着非洲的东非裂谷，一个新的、巨大的地壳变化过程正在发展中，裂谷北端的两个地块——阿拉伯和非洲已在分离，以每年 2 cm 的速度向两面移动，裂谷本身也以每年 1 mm 的速度向两面裂开。美国西部的圣安得烈斯断层，从下中新世以来水平位移距离为 260 km。1906 年旧金山一次大地震就使这条断层错开 6.4 m，断层带约增长 430 km。可见，地壳水平运动对地壳形变的影响也是十分显著的，更加剧了地球表面的高低起伏。

3.1.3　地壳运动的基本特征

1. 地壳运动的普遍性和长期性

地壳的任何地方都发生过不同形式的地壳运动。地壳中的任何一块岩石，最古老的岩石和现代正在形成的岩石，都不同程度地受到地壳运动的影响，记录着地壳运动的痕迹和图像，说明地壳运动是普遍的，地壳总是处于不断的运动之中。

2. 地壳运动速度和幅度的不均一性

地壳运动的速度不是始终如一的，有时表现为短暂快速的激烈运动，如火山活动和地震，常常引起岩浆喷发、山崩、地陷和海啸等，是人们能够直接觉察到的地壳运动。如

1970 年云南通海地震，沿曲江断裂（南华—楚雄断裂）分布有许多地裂缝，从建水县庙北山北，经通海县的高大、峨山县的水车田、大海洽、牛白甸，直抵峨山城下，全长近 60 km，总体走向北 50°~60°西，倾向北东，倾角 50°~80°，构成了巨大的地裂缝带。其中，主干地裂缝不受任何地形约束，跨沟越岭，断开基岩，长达数千米，最宽处可达 20 m 左右，具右旋水平错动性质，最大水平错距 2.2 m。有时则又表现为长期缓慢的和缓运动。即使是同一地区，在快速而激烈的运动之后，将长期平静下来，转变为慢速而和缓的运动。地壳的运动幅度也有大有小，在不同的时间和空间，其幅度也不尽相同。

3. 地壳运动的方向性

地壳运动的方向常常是相互交替转换的，如有的地区为上升运动，有的地区为下降运动，而另一些地区则表现为水平运动。在地壳的同一地区，某个地质历史时期为上升运动，而在另一个地质历史时期又变成为下降或水平运动，表现出有节奏的，而不是简单重复的周期性特征。在一定地区或一定地质的历史时期中，地壳运动可以是以水平运动为主，也可以是以垂直运动为主。但是从地壳的发展历史分析，地壳运动总是以水平运动为主，垂直运动往往是由水平运动派生出来的。这已为越来越多的研究资料所证实。

地壳运动的结果，导致地壳岩石产生变形和变位，并形成各种地质构造，如水平构造、倾斜构造、褶皱构造、断裂构造、隆起和凹陷等。因此，地壳运动又称为构造运动或构造变动。其中，构造运动按其发生的地质历史时期、特点和研究方法，又分为以下两类：

(1)古构造运动，其是指发生在晚第三纪末以前各个地质历史时期的构造运动。

(2)新构造运动，其是指发生在晚第三纪末和第四纪以来的构造运动。其中，发生在人类有史以来的构造运动，称为现代构造运动。新构造运动对于现代地形、地表水系的改造、海陆分布、沉积物性质起着主导作用，对工程建筑影响较大，对防震抗震的研究也有着一定的指导意义。

3.2　岩层构造

3.2.1　水平构造

在地壳运动影响轻微、大面积均匀隆起或凹陷的地区，地层保持近于成岩时，水平状态的地质构造称为水平构造。

水平构造的地层经风化剥蚀，可形成一些独特的地貌景观：层理面平直、厚度稳定的岩层，往往形成阶梯状陡崖；交互沉积的软硬相间水平岩层，经风化后可形成塔状、柱状、城堡状地形；若水平岩层的顶部为坚硬的厚层岩层所覆盖，由于上部岩层抗风化侵蚀能力强，则可形成方山和桌状山地形。

3.2.2 倾斜构造

原来呈水平状态的岩层，经构造变动，成为与水平面成一定角度的倾斜岩层时，称为倾斜构造。在一定范围内，岩层的倾斜方向和倾斜角度大体一致的单斜岩层，可称为"单斜构造"。单斜构造的岩层，当倾角较小（小于35°）时在地貌上往往形成单面山；当倾角较大（大于35°）时，在地貌上则往往形成猪背岭。

3.2.3 岩层产状

1. 岩层产状要素

岩层在地壳中的空间方位和产出状态，称为岩层产状（图3-1）。它以岩层面在空间的延伸方向和倾斜程度来确定，用走向、倾向和倾角（称为岩层产状要素）表示。在野外是用地质罗盘仪来测量岩层的产状要素。

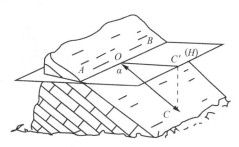

图3-1 岩层的产状要素

AB—走向线；OC′—倾向线；α—倾角

（1）走向。岩层面与水平面交线的水平延伸方向称为该岩层的走向。岩层走向用方位角表示。因此，同一岩层的走向可用两个方位角的数值表示，如NW300°和SE120°，指示该岩层在水平面上的两个延伸方向。

（2）倾向。岩层面上垂直于走向线AB，沿层面倾斜向下所引的直线，叫作倾斜线（图3-1中的OC线）。它在水平面上的投影线所指的层面倾斜方向为该岩层的倾向（图3-1中的OC′）。因此，岩层的倾向只有一个方位角数值，并与同一岩层的走向方位角数值上相差90°。

（3）倾角。岩层面上的倾斜线与它在水平面上的投影线之间的夹角，即倾斜岩层面与水平面之间的二面角（图3-1中的α），为岩层的倾角。

2. 岩层产状要素的测量方法

测量岩层的产状要素一般用地质罗盘。地质罗盘有矩形或八边形（圆形）两种，其主要构件有：磁针、上刻度盘、下刻度盘、倾角指示针（摆锤）、水准泡等。

上刻度盘多数按方位角分划，以北为0°，按逆时针方向分划为360°。按象限角分划时，则北和南均为0°，东和西方向均为90°。在刻度盘上用4个符号代表地理方位，即N代表北，S代表南，E代表东，W代表西。当刻度盘上的南北方向和地面上的南北方向一致时，刻度盘上的东西方向和地面实际方向相反，这是因为磁针永远指向南北。在转动罗盘测量方向时，只有刻度盘转动而磁针不动，即当刻度盘向东转动时，磁针则相对地向西转动。所以，只有将刻度盘上刻的东、西方向与实际地面东、西方向相反，测得的方向才恰好与实际相一致。

下刻度盘和倾角指示针是为测倾角所用。下刻度盘的角度左右各分划为90°，它没有方向，通常只刻在 W 边。E 边下刻度盘没有刻度。

测走向时，将罗盘的长边（即 NS 边）与岩层层面贴紧、放平（水准泡居中）后，北针或南针所指上刻度盘的读数就是走向，如图 3-2 所示。

测倾向时，用罗盘的 N 极指向层面的倾斜方向，使罗盘的短边（即 EW 边）与层面贴紧、放平，北针所指的度数即为所求的倾向，如图 3-2 所示。

测倾角时，将罗盘侧立，以其长边贴紧层面，并与走向线垂直，这时摆锤指示针所指下刻度盘的读数就是倾角，如图 3-2 所示。有的罗盘倾角指示针是用水准泡来调正的，测倾角时要用手调背面的旋柄，使水准泡居于中间的位置，然后再读读数。

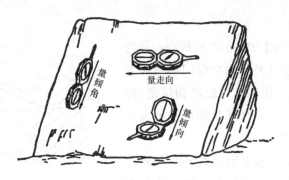

图 3-2　测量岩层产状要素

3. 岩层产状记录方法

岩层产状测量的记录有以下两种方法：

(1)象限角表示法。象限角表示法以北或南的方向（0°）为准，一般记走向、倾向、倾角。如 N65°W/25°S，即走向北偏西 65°、倾角 25°、大致向南倾斜；N30°E/27°SE，即走向北偏东 30°、倾角 27°、倾向南东。

(2)方位角表示法。方位角表示法一般只记录倾向和倾角。如 205°∠25°，前者是倾向的方位角，后面是倾角，即倾向 205°，倾角 25°。再用加或减去 90°的方法计算出走向。

岩层的产状三要素在地质图上可用符号├25°来表示：长线表示走向，短线表示倾向，数字代表倾角。

3.3　褶皱构造

3.3.1　褶皱概念

岩层在构造运动的作用下，产生一系列连续的波状弯曲，称为"褶皱"。绝大多数褶皱是在水平挤压力作用下形成的；有的褶皱是在垂直作用力下形成的；还有一些褶皱是在力偶的作用下形成的，多发育在夹于两个坚硬岩层间的较弱岩层中或断层带附近。褶皱是地壳中最常见的地质构造之一，它的规模相差悬殊，巨大的褶皱可延伸达数十至数百千米，而微小的褶皱则只可在手标本上见到。

褶皱揭示了一个地区的地质构造规律，不同程度地影响着水文地质及工程地质条件。因此，研究褶皱的产状、形态、类型、成因及分布特点，对于查明区域地质构造和工程地质条件及水文地质具有重要意义。

3.3.2 褶曲的基本形态和要素

1. 褶曲的基本形态

为了分析、研究褶皱的构造和对褶皱进行分类，首先要确定褶皱的基本单位——褶曲。褶曲是岩层的一个弯曲。两个或两个以上褶曲的组合叫作褶皱。褶皱的形态也是多种多样的，但其基本形式只有两种，如图 3-3 所示。其中，岩层向上弯曲，核心部分岩层较老的称为"背斜"；反之，岩层向下弯曲，核心部分岩层较新的称为"向斜"。

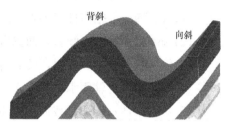

图 3-3　褶曲的基本类型

由于褶皱形成后，地表长期受风化剥蚀作用的破坏，其外形也可改变。"高山为谷，深谷为陵"就是这个道理。

2. 褶曲的要素

褶皱的各组成部分称为褶曲要素，任何褶曲都具有以下基本要素(图 3-4)。

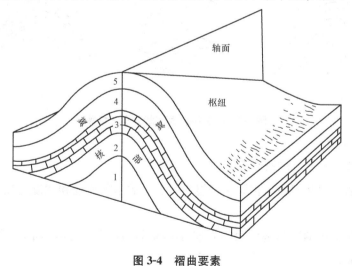

图 3-4　褶曲要素

(1)核部。核部指褶曲弯曲的中心部分，如背斜核部是较老岩层，而向斜核部则为较新岩层。

(2)翼。翼指褶曲核部两侧的岩层。

(3)轴面。轴面大致平分褶曲两翼的假想面，可为平面或曲面，它的空间位置和岩层一样可用产状表示，有直立的、倾斜的和水平的。

（4）轴线。轴线指轴面与水平面的交线，它可以是水平的直线或曲线。轴线的方向表示褶曲的延长方向，轴线的长度反映褶皱在轴向上的规模大小。

（5）枢纽。褶曲岩层的层面与轴面相交的线，叫作枢纽。它可以是水平的、倾斜的或波状起伏的，并能反映褶曲在轴面延伸方向上产状的变化。背斜的枢纽称为脊线；向斜的枢纽称为槽线。

3.3.3 褶曲的形态分类

1. 按轴面和两翼岩层的产状分类（图 3-5）

（1）直立褶曲：轴面近于垂直，两翼岩层向两侧倾斜，倾角近于相等。

（2）倾斜褶曲：轴面倾斜，两翼岩层向两侧倾斜，倾角不等。

（3）倒转褶曲：轴面倾斜，两翼岩层向同一方向倾斜，其中一翼层位倒转。

（4）平卧褶曲：轴面水平或近于水平，一翼岩层层位正常，另一翼层位倒转。

（5）翻卷褶曲：轴面翻转向下弯曲，通常是由平卧褶皱转折端部分翻卷而成。

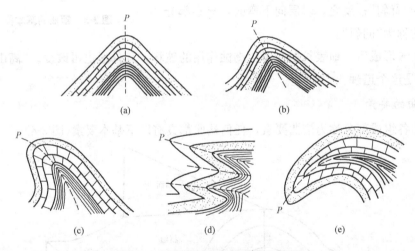

图 3-5　褶曲按轴面产状分类示意图

2. 按褶曲在平面上的形态分类

（1）线状褶曲。线状褶曲是指同一岩层在平面上的纵向长度和宽度之比大于 10∶1 的狭长形褶曲。

（2）短轴褶曲。短轴褶曲是指同一岩层在平面上的纵向长度与横向宽度之比在 3∶1～10∶1 之间的褶曲。

（3）穹窿和构造盆地。穹窿和构造盆地是指同一岩层在平面上的纵向长度与横向宽度之比小于 3∶1 的圆形或似圆形褶曲。背斜称为"穹窿"；向斜称为"构造盆地"。

3. 按褶曲枢纽的产状分类

按褶曲枢纽的产状可分为以下两种，如图 3-6 所示。

(1)水平褶曲。水平褶曲是指枢纽水平，两翼同一岩层的走向基本平行。

(2)倾伏褶曲。倾伏褶曲是指枢纽倾斜，两翼同一岩层的走向不平行而呈弧形变化。

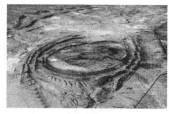

穹隆构造

复式褶曲

图3-6 按褶曲枢纽的产状分类

3.3.4 褶皱的识别

不论褶皱构造的规模大小、形态特征如何，若无断层干扰，则两翼岩层总是对应出现。对于背斜构造，自核部向两翼部方向，地层顺序总是由旧到新；向斜相反，自核部向两侧翼部方向，地层顺序总是由新到旧。并且，在两翼如不因地层错断产生缺失和重复时，都是对应出现。这些特点是褶皱构造地层分布的规律，也是识别褶皱的基本方法。

较常见的直立褶皱和倾斜褶皱，在岩层产状方面也有较明显的规律：背斜构造两翼岩层倾向相反，而且都是向外部倾斜；向斜构造两翼岩层倾向也相反，但向中心倾斜。但倒转褶皱和平卧褶皱则不存在这种产状特征。所以，褶皱的识别应首先抓住地层新旧层序这个基本规律。

在野外进行地质调查及地质图分析时，为了识别褶皱，首先可沿垂直于岩层走向的方向进行观察，查明地层的层序和确定地层的时代，并测量岩层的产状要素。然后，根据以下几点，分析判断是否有褶皱存在，进而确定是向斜还是背斜。

(1)根据岩层是否有对称重复的出露，可判断是否有褶皱存在。若在某一时代的岩层两侧，有其他时代的岩层对称重复出现，则可确定有褶皱存在。若岩层虽有重复出露现象，但并不对称分布，则可能是断层形成的，不能误认为褶皱。

(2)对比褶皱核部和两翼岩层的时代新旧关系，判断褶皱是背斜还是向斜。若核部地层时代较老，两侧依次出现渐新的地层，为背斜；反之，若核部地层时代较新，两侧依次出现渐老的地层，则为向斜。

(3)根据两翼岩层的产状，判断褶皱是直立的、倾斜的还是倒转的等。

此外，为了对褶皱进行全面认识，除进行上述横向的分析外，还要沿褶曲轴延伸方向进行平面分析，了解褶曲轴的起伏情况及其平面形态的变化。若褶曲轴是水平的，呈直线状，或在地质图上两翼岩层对称重复，并平行延伸，则称为水平褶皱；若在地质图上两翼岩层对称重复，但彼此不平行且逐渐折转会合，呈"S"形，则为"倾伏褶皱"。

3.3.5 褶曲构造对工程建设的影响

1. 褶曲构造影响着建筑物地基岩体稳定性及渗透性

选择桥址时，应尽量考虑避开褶曲轴部地段，因为轴部张应力集中，节理发育，岩石破碎，易受风化，岩体强度低，渗透性强，所以工程地质条件较差。当桥址选在褶曲翼部时，若桥轴线平行岩层走向，则桥基岩性较均一。再从岩层产状考虑，岩层倾向上游，倾角较陡时，对桥基岩体抗滑稳定最有利；当倾角平缓时，桥基岩体易于滑动；岩层倾向下游，倾角又缓时，岩层的抗滑稳定性最差。

当桥轴线与褶曲岩层走向垂直时，桥基往往置于不同性质的岩层上。如果岩层软硬相差较大，桥基就可能产生不均匀沉降。岩层倾向河谷的一侧，岩体可能产生顺层滑动。

2. 岩层产状对隧道的影响

在强烈褶皱区或岩层产状变化复杂的地区，往往在很小范围内岩性及地下水有极大的变化，这常常给施工带来困难。在水平岩层地区修筑地下隧道是有利的，因为可以选择在同一较好的岩层中通过，这样不但施工简单，而且易于保证安全。

如果是在倾斜岩层地区修建隧道，洞轴线与岩层走向的交角要大，岩层倾角越大越好；如洞轴线与岩层走向交角小或平行，则洞顶将产生偏压。

3.4 断裂构造

岩体受构造应力作用超过其强度时而发生破裂或位移，使岩体的完整性和连续性遭到破坏，这种构造称为"断裂构造"。根据断裂两侧岩石的相对位移情况，断裂构造的变位可分为裂隙和断层两种类型。

断裂构造是主要的地质构造类型，在地壳中广泛分布，对建筑地区岩体的稳定性影响很大，而且常对建筑物地基的工程地质评价和规划选址、设计施工方案的选择起控制作用。

3.4.1 裂隙(节理)

1. 节理的成因类型

断裂两侧岩石仅因开裂分离，并未发生明显相对位移的断裂构造称裂隙(或节理)。它往往是褶皱和断层的伴生产物，然而自然界中岩石的裂隙并非都是由于地质构造运动所造成的，根据裂隙的成因，可将其分为原生(成岩)裂隙、次生裂隙和构造裂隙三种基本类型。

(1)原生(成岩)裂隙，即岩石在成岩过程中形成的裂隙。如玄武岩中的柱状节理，是其在形成时岩浆喷发至地表后冷却收缩而产生的六棱柱状、五棱柱状或其他不同形态的节理。在南京六合区桂子山发现的世界上罕见的石林，就是由玄武岩的柱状裂隙形成的。此外，沉积岩中的龟裂现象，是失去水分后干缩而成的，也是一种成岩节理。

(2)次生裂隙,即由于岩石风化、岩坡变形破坏、河谷边坡卸荷作用及人工爆破等外力而形成的节理。一般仅局限于地表,规模不大,分布也不规则。如卸荷裂隙是由于河流的下切侵蚀,使河谷及其两侧的部分岩石被搬运,致使下部岩石所受的压力减轻(称减压卸荷作用),应力得以释放而产生的平行于岸坡和谷底的裂隙。

(3)构造裂隙,即由地壳运动产生的构造应力作用而形成的裂隙,在岩石中分布广泛,延伸较深,方向较稳定,可切穿不同的岩层。按其力学性质可分为张节理和剪节理两种,如图 3-7、图 3-8 所示。

①张节理是岩石所受张应力超过其抗张强度后破裂而产生的裂隙,多见于脆性岩石中,尤其是在褶皱转折端等张应力集中的部位。其特点是具有张开的裂口,裂隙面粗糙不平,沿走向方向和沿倾向方向延伸均不远。砂岩和砾岩中的张节理,裂隙面往往绕过砾石或砂粒,呈现凹凸不平状。

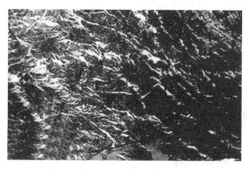

图 3-7 张节理

图 3-8 剪节理

②剪节理是岩石所受剪应力超过其抗剪强度后破裂而产生的裂隙,一般发生在与最大压应力方向成 45° 左右夹角的平面上。在岩石中常成对出现,呈"X"形交叉,因而也可称为"X"形裂隙(或节理)。剪节理的特征是细密而闭合,裂隙面平直、光滑,延伸较远,有时可见到擦痕。共轭砾岩或砂岩中的剪节理,裂隙面往往切穿砾石或砂粒。

张节理和剪节理的比较见表 3-1。

表 3-1 张节理和剪节理比较

类型	作用力	裂面张开充填情况	裂隙面特征	裂隙间距	延伸情况	发育情况
张节理	张应力	裂缝张开常被石英、方解石脉充填	弯曲粗糙不平,呈锯齿状,无擦痕	较大	走向变化大,延伸不远,常绕过砾石或砂粒	褶皱轴部成组出现,平行或垂直褶皱轴
剪节理	剪应力	裂隙紧闭或稍张开	平直、光滑,有擦痕及镜面两侧岩层相对位移	较小	走向稳定,延深较长,常切岩石中的砾石或砂粒	一般同时出现两组,成"X"形,较密集

2. 节理统计及节理玫瑰图

在建筑地区，进行节理的野外调查与统计，对研究建筑物地区的地质构造、发育规律和分布特征，评价地基岩体完整性与稳定性，具有很重要的实际意义。

为了反映节理的发育程度和分布规律，分析其对建筑物地区岩体的稳定性的影响，常采用图表的方法表示。

(1)节理观测统计。根据工程要求，在主要建筑物地段，选择面积为 $1 \sim 4 \ m^2$ 节理比较发育、有代表性的岩体，按节理观测记录所列内容进行观测、统计并做好记录。

根据节理统计记录，将节理走向、倾向和倾角，每隔 $10°$ 或 $5°$ 为一区间进行分组，并统计每组节理的条数和走向、倾向、倾角的区间中值(或平均值)，并找出最发育的节理组。

(2)节理玫瑰图的绘制。节理玫瑰图的绘制按下列步骤进行：

①取适当值为半径作半圆，沿半圆周标出东、西、北三个方向；

②将半圆周 18 等分，代表节理走向；

③以最发育一组的节理条数等分半径，第一单位线段代表一条节理；

④把每组节理走向区间中值，点绘在玫瑰图的相应位置上；

⑤连接各点成一闭合折线，即为节理走向玫瑰图，如图 3-9 所示；

⑥节理倾向玫瑰图是先将测得的节理，按倾向每隔 $5°$ 或 $10°$ 为一区间进行分组，并统计每组节理的条数和区间中值(或平均值)，用绘制走向玫瑰花图的方法，在注有方位的圆周上，根据平均倾向和节理条数，定出各组相应的端点。用折线将这些点连接起来，即为节理倾向玫瑰图。如果用平均倾角表示半径方向的长度，用同样的方法可以编制节理倾角玫瑰图。

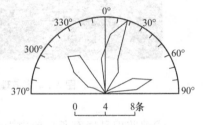

图 3-9 节理倾向玫瑰图

3.4.2 断层

在构造应力作用下，岩层所受应力超过其本身的强度，使其连续性、完整性遭受破坏，并且沿断裂面两侧的岩体产生明显位移，称为断层。由于构造应力大小和性质的不同，断层规模差别很大，小的可见于一块小的手标本上，大的可延伸数百甚至上千米。如我国的郯-庐大断裂，在 1/100 万的卫星图像上都显示得很清楚。

1. 断层要素

断层的基本组成部分，称为断层要素。它包括断层面、断层线、断层带、断盘、断距等，如图 3-10 所示。

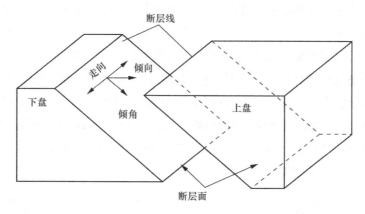

图 3-10 断层要素图

(1)断层面。岩层断裂错开，发生相对位移的破裂面，称为断层面。断层面可以是直立的或倾斜的平面，也可以是波澜起伏的曲面。断层面的空间位置用产状要素表示。

(2)断层线。断层面与地面的交线，称为断层线。断层线表示断层的延伸方向，其形状取决于断层面及地表形态，它可以是直线，也可以是各种曲线。

(3)断层带。包括断层破碎带和断层影响带，是指断层面之间的岩石发生错动破坏而形成的破碎部分，以及受断层影响使岩层裂隙发育或产生牵引弯曲的部分。

(4)断盘。断层面两侧岩体，称为断盘。当断层面倾斜时，位于断层面以上的岩体，叫作上盘；断层面以下的岩体，叫作下盘。断层面直立时，则按方向可称为东盘、西盘，或南盘、北盘。

(5)断距。断层两盘岩体沿断层面相对移动的距离，称为断距。断距可分为总断距、铅直断距、水平断距、走向断距、倾向断距等。

2. 断层的基本类型

(1)断层按形态和成因分类。按断层两盘相对位移的情况，将断层分为正断层、逆断层和平移断层。

①正断层。由于张应力作用使岩层产生断裂，进而在重力作用下，引起上盘沿断层面相对下降，下盘相对上升的断层，称为正断层。断层破碎带较宽时，常为断层角砾或断层泥。

②逆断层。上盘沿断层面上升，下盘相对下降，主要是由于水平挤压作用的结果。所以，也称为压性断层。断裂带较紧密，断层面呈舒缓波状，常可见擦痕。逆断层按断层面倾角的不同可分为冲断层、逆掩断层、辗掩断层。

冲断层：断层面倾角大于 45°的高度角逆断层，称为冲断层。

逆掩断层：断层面倾角为 25°～45°的逆断层，称为逆掩断层。往往是由倒转褶皱发展形成，它的走向与褶皱轴大致平行，逆断层的规模一般都较大。

辗掩断层：断层面倾角小于 25°的逆断层，称为辗掩断层。常是区域性的巨型断层，断层一盘较老地层沿着平缓的断层面推覆在另一盘较新岩层之上，断距可达数千米，破碎带的宽度也可达几十米。

③平移断层。两盘沿断层面走向的水平方向发生相对位移的断层，称为平移断层。平移断层一般是在剪切应力作用下，沿平面剪切裂隙发育形成的，断层面较平直、光滑。

其次，根据断层走向与岩层走向的关系，可分为走向断层(与岩层的走向平行)、倾向断层(与岩层的走向垂直)及斜交断层(与岩层的走向斜交)。根据断层走向与褶皱轴向的关系，也可分为纵断层(与褶皱轴向一致)、横断层(与褶皱轴向正交)、斜断层(与褶皱轴向斜交)。

断盘运动的几种方式如图 3-11 所示。

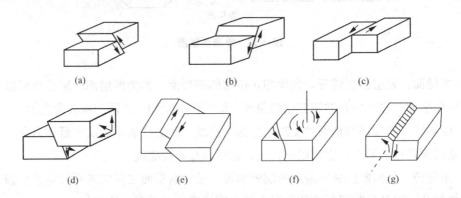

图 3-11　断盘运动的几种方式示意图

(a)逆断层；(b)正断层；(c)平移断层；(d)平移逆断层；(e)平移正断层；

(f)沿铅直轴的旋转断层；(g)沿水平轴的旋转断层

(2)根据断层的力学性质，可将断层分为压性断层、张性断层、扭性断层、压扭性断层、张扭性断层。

①压性断层：压性断层由压应力作用形成，其走向垂直于主压应力方向，多呈逆断层形式，断层面为舒缓波状，断裂带宽大，常有断层角砾岩。

②张性断层：张性断层在张应力作用下形成，其走向垂直于张应力方向，多呈正断层形式，断层面粗糙，多呈锯齿状。

③扭性断层：扭性断层在剪应力作用下形成，与主压应力方向的交角小于 45°，并常成对出现，断层平直、光滑，常有大量擦痕。

④压扭性断层：压扭性断层具有压性断层兼扭性断层的力学特征，如部分平移逆断层。

⑤张扭性断层：具有张性断层兼扭性断层的力学特征，如部分平移正断层。

(3)按断层面产状与地层产状的关系可分为走向断层、倾向断层、斜向断层、顺向断层。

①走向断层：断层走向与地层走向基本平行。

②倾向断层：断层走向与地层走向基本垂直。

③斜向断层：断层走向与地层走向斜交。

④顺向断层：断层面与岩层面大致平行。

在自然界往往可以见到断层的组合形式(图 3-12),如地垒(两边岩层沿断层面下降,中间岩层相对上升,多构成块状山地,如泰山、天山、阿尔泰山均有地垒式构造)、地堑(两边岩层沿断层面上升,中间岩层相对下降,如东非大裂谷、汾河、渭河地堑谷地)、阶梯状断层(岩层沿多个相互平行的断层面向同一方向依次下降)和迭瓦式(推覆式)断层(一系列冲断层或逆掩断层,使岩层依次向上冲掩,如青藏高原、天山山脉)等。

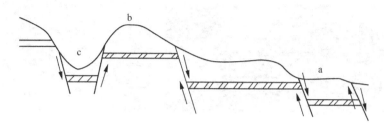

图 3-12　阶梯状断层、地垒、地堑

图 3-13 这种组合形态的断层,在江西庐山一带表现得极为典型。庐山两侧为阶梯状断层,庐山上升为地垒。长江河谷两侧也是阶梯状断层,而长江河谷则是下陷的地堑。

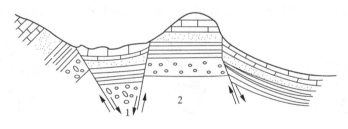

图 3-13　阶梯状断层

3. 断层的野外识别方法

断层的形态类型很多,规模大小不一,加之各种地质因素的影响,这就给在野外判断是否存在断层、属于什么性质的断层带来一定的困难。但由于断层面两侧岩体产生了相对位移,在地表形态和地层构造上反映出一定的特征及规律性,便给在野外识别断层提供了依据(图 3-14)。

(1)构造上的特征。构造上的特征主要有擦痕、破碎带、构造上的不连续和牵引褶曲等。

①擦痕。断层面上下盘错动摩擦而留下的痕迹,称为断层擦痕。

②破碎带。破碎带是指断层两盘岩体相对运动使断层面附近的岩石破坏成碎石和粉末的部分。碎石经胶结成断层角砾岩、糜棱岩,粉末为断层泥。

③构造上的不连续。断层常常将岩层、岩墙或岩脉错断,造成构造上的不连续。同时,由于构造上的不连续,会形成岩层产状的突然变化。

断层角砾岩

破碎带

断层面

图 3-14 断层的伴生构造

④牵引褶曲。断层两盘相对位移时，断层面两侧的岩石发生塑性变形，常形成小型牵引褶曲。利用牵引褶曲的方向，可以判断上下盘移动的方向及断层的性质。

（2）岩层的特征。岩层的特征主要有岩层中断、岩层重复和岩层缺失，如图 3-15 所示。

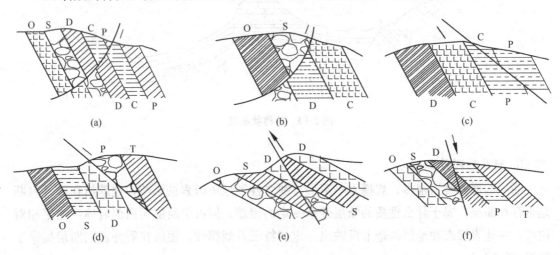

(a)

(b)

(c)

(d)

(e)

(f)

图 3-15 断层证据

(a)岩层重复；(b)岩层缺失；(c)岩层错断；
(d)岩层牵引弯曲；(e)断层角砾；(f)断层擦痕

①沿走向方向岩层中断。在单斜岩层地区，沿岩层走向观察，若岩层突然中断且呈交错的不连续状态，则往往是断层的标志。

②岩层的重复和缺失。由于断盘的相对位移，改变了岩层的正常层序，使岩层产生不对称的重复或缺失。但必须注意断层所产生的岩层重复是不对称的，岩层缺失不具有侵蚀面。要同褶皱造成的岩层对称重复和不整合形成的具有侵蚀面的岩层缺失加以区别。

（3）地形地貌上的特征。地形地貌上的特征主要有断层崖、断层三角面、河流纵坡的突变、河流及山脊的改向。

①断层崖。断层上升盘突露地表形成的悬崖，称为断层崖。

②断层三角面。一些比较平直的断层崖，经过流水的侵蚀作用，形成一系列横穿崖壁的"V"形谷，谷与谷之间的三角面称为断层三角面(图 3-16)。

图 3-16　渭河以南秦岭北侧的断层三角面(自华阴南望华山)

③河流纵坡的突变。当断层横穿河谷时，可能使河流纵坡发生突变，造成河流纵坡的不连续现象。但河流纵坡的突变，不一定都是由于断层形成的，也可能是河床底部岩石抗侵蚀的能力不同所致。

④河流及山脊的改向。水平方向相对位移显著的断层，可将河流或山脊错开，使河流流向或山脊走向发生急剧变化。

⑤断陷盆地。断层围限的陷落盆地，不同方向断层所围或一边以断层为界，多呈长条菱形、楔形，内有厚而松散的物质。

（4）水文地质特征。断层的存在，易风化侵蚀形成谷地，即"逢沟必断"，有利于地下水的富集、埋藏和运动。因此，在断层带附近往往可见到泉水、湖泊呈线状出露于地表。某些喜湿性植物呈带状分布。

以上是野外地质工作中认识判断地层的一些主要标志。但是，由于自然界的事物是复杂的，其他因素也可能造成上述某些现象。因此，不能单方面地根据某一标志来进行分析并确定断层的存在。要全面观察、细心研究、综合分析判断，才能得出可靠的结论。

4.断裂构造对路桥工程的影响

断裂构造对工程建筑的影响是很大的。由于断裂构造的存在，破坏了岩体的连续完整性，降低了岩石的强度，增大了岩体的透水性能，因而将导致工程建筑物发生不均匀沉陷、滑动和渗漏，影响工程建筑物的安全稳定、经济效益及施工方法等一系列问题，对工程极为不利，因此，在选择工程建筑物的地址时，应查清断层的类型、分布、断层面产状、破碎带宽度、充填物的物理力学性质、透水性和溶解性等。另外，沿断层破碎带易形成风化深槽，特别是在断层节理密集交汇处更易风化侵蚀，形成较深的囊状风化带。为了防止断裂构造对工程的不利影响，尽量避开大的断层破碎带和节理密集地段。若确实无法避开，则必须采取有效处理措施。在工程建设中，对断裂构造的处理方法一般有开挖清除、灌浆和做阻滑截渗墙。

(1)开挖清除。将断层破碎带的松散碎屑物质挖掉，然后回填混凝土或黏土。

(2)灌浆。多采用水泥灌浆，以提高破碎带的强度和降低其渗透性。

(3)做阻滑截渗墙。修筑混凝土或钢筋混凝土墙，将破碎带截断，以提高地基的抗滑能力并降低其渗透性。

5. 活断层

我国有许多省、区，如西藏、青海、四川、云南等西北、西南内陆地区，广东、福建、台湾等东南沿海，以至东北、华北等地，历史上均有强烈的地震发生，它直接影响建筑物的稳定与安全。据研究，地震的产生大多数与活断层有密切的关系。活断层对工程建筑有较大的影响，主要表现在如下两方面：横跨断层的建筑物，可能因活断层的水平或垂直位移而产生拉裂、变形，甚至破坏；活断层会引起地震，使附近的建筑物遭到破坏。如美国蒙太那(Montana)的马蒂森河上的赫布根(Hebgen)水库，1958 年 8 月西黄石地震时，在库区附近产生了长度分别为 9.65 km 和 22.5 km 的两条断裂线，其中有 16.1 km 的长度发生了垂直错动，最大错距达 6.1 m。赫布根水库在新构造断裂地震的作用下，发生了变形，水库南岸突然上升了 2.44 m，而另一岸却下沉了数十厘米，水库水位在地震后降低了 0.15 m,水库下游 9.6 km 处还形成了一个巨大的滑坡体，估计塌方量达 5 000 万～8 000 万 m²，塌方土石在河床中的堆筑高度达 53.4 m。因而，在选择建筑物场地时，应注意避开活断层。

所谓活断层，一般理解为目前还在持续活动的断层，或历史时期或近期地质时期活动过、极可能在不远的将来重新活动的断层。后一种情况也可称为潜在活断层。10 000 年以来活动过的断层称全新活动断层。

(1)活断层的特性。活断层的特性包括活断层的类型和活动方式、活断层的规模、活断层的错动速率及其分级、活断层的重复活动周期，以及作为活断层活动记录的古地震事件等。

(2)活断层的年龄判据。确定活断层最新一次活动的地质年代和绝对年龄对工程建设有着至关重要的影响。

活断层的年龄判据，要以第四纪地质学和地层学研究等为基础，来判定活断层的地质年代或年代范围。在此基础上，应用现代测试技术，取样测定绝对年龄。所以，年龄判据方法可分为错断地层年龄法（间接法）和断层物质绝对年龄法（直接法）两大类。

错断地层年龄法适用于错断断层带及其所在地质体上覆盖第四纪沉积物的条件下。

(3)活断层的调查与判别。活断层调查目的是确定断层带的位置、宽度、分支断裂发育情况、错动幅度及变形带宽度，以及活断层的活动时间间隔。

鉴别活动层的主要标志如下：

①生代地层被错断、拉裂或扭动；

②地面出现地裂缝且呈大面积有规律的分布，其总体延伸方向与地下断裂的方向一致；

③地形上发生突然变化，形成断崖、断谷，或河床纵断面发生突然变化，在突变处出现瀑布或湖泊；

④建筑物，如古城堡、庙宇、古坟葬等被断层错开；

⑤根据仪器观测，沿断层带有新的地形变化或有新的地应力集中现象；

⑥地震活动、火山爆发等。

3.5 岩层的接触关系

岩层的接触关系是指不同时代岩层之间纵向上的相互关系。它反映了地壳运动的性质和规模，可将其分为整合接触、假整合接触和角度不整合接触三种基本类型。

3.5.1 整合接触

整合接触基本上是连续沉积所形成的，当沉积区在某一地质历史时期是处于连续下降或虽短暂上升，但未超过侵蚀基准面时，沉积作用就是基本连续进行的。因此，在这种条件下形成的一套岩层，无论是岩性还是古生物的演化，基本上是连续和逐渐变化的，它们的产状大致是平行一致的，如图 3-17(a)所示。

3.5.2 假整合接触

假整合接触又叫平行不整合接触，它是指两套岩层间曾发生过沉积间断，其间缺失了某一段时间沉积的岩层，但其上、下产状基本还是一致的，上、下两套岩层间的接触面叫不整合面，如图 3-17(b)所示。两套岩层间的岩性和古生物化石，常有较显著的差异或突变现象，上覆岩层底部常有由下伏岩层的砾石形成的底砾岩；下伏岩层顶面则常凹凸不平，且往往有古风化壳残余。

3.5.3 角度不整合接触

角度不整合接触，即狭义的不整合接触，不整合接触是指两套岩层间不仅发生过沉积间断，而且在沉积间断期发生过构造变动，因而两套岩层间的产状具有明显的差异。其特征是不整合面上、下两套岩层的产状明显不一致，呈一定角度相交，如图 3-17(c)所示。

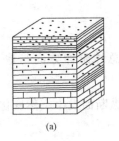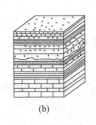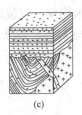

(a)　　　　　　　(b)　　　　　　　(c)

图 3-17　岩层的接触

(a)整合接触；(b)假整合接触；(c)角度不整合接触

3.6　地质构造对工程建筑物稳定性的影响

地质构造对工程建筑物的稳定性有很大的影响。由于工程位置选择不当，将工程建筑物设在对地质构造不利的部位，就可能引起建筑物的失稳破坏，因此我们对其必须有充分的认识。

3.6.1　边坡与地质构造的关系

岩层的产状与岩石路堑边坡坡向间的关系控制着边坡的稳定性。

(1)当岩层倾向与边坡坡向一致，而倾角大于或等于边坡坡角时，边坡一般较稳定；

(2)当坡角大于岩层倾角时，则岩层因失去支撑而有滑动的趋势；

(3)当岩层倾向与坡向相反时，若岩层完整、层间结合好，则边坡是稳定的；若岩层内有倾向坡外的节理，层间结合差，岩层倾角又很陡，则容易发生倾倒破坏。

3.6.2　隧道与地质构造的关系

(1)穿越水平岩层的隧道，应尽量选择在岩性坚硬、完整的岩层中，如石灰岩、砂岩。在软硬相间的情况下，隧道拱部应尽量设置在硬岩中，设置在软岩中有可能发生坍塌。

(2)当垂直穿越岩层时，若岩层软硬相间，则由于软岩层间结合差，在软岩部位，隧道拱顶常发生顺层坍方。

(3)当隧道轴线顺岩层走向通过时，倾向洞内的一侧岩层易发生顺层坍滑，边墙受偏压。

一般情况下，由于褶曲的轴部岩层弯曲、节理发育、地下水常可渗入，易诱发坍方，因此隧道位置应选在褶曲翼部或横穿褶曲轴。垂直穿越背斜的隧道，其两端的拱顶压力大，中部岩层压力小；隧道横穿向斜时，情况相反。

3.6.3　桥基与地质构造的关系

断层带岩层破碎，常夹有许多断层泥，应尽量避免将工程建筑物直接放在断层上或断层破碎带附近。

对于不活动的断层，墩台必须设在断层上时，应根据具体情况采用相应的处理措施。

铁路选线时，应尽量避开大断裂带，且线路不应沿断裂带走向延伸；若在条件不允而必须穿过断裂带时，应尽量以大角度或垂直穿过断裂带。

3.7　地质图

用规定的符号、线条和色彩来反映一个地区各种地质现象、地质条件和地质发展历史的图件，叫作地质图。它是依据野外探明和收集的各种地质勘测资料，按一定比例投影在地形底图上编制而成的，是地质勘察工作的主要成果之一。地质图的基本内容一般通过统一规定的图例符号来表示。工程建设中的规划、设计和施工阶段，都需要以地质勘测资料为依据，而地质图是直接利用和使用主要的图表资料，因此，初步学会编制、分析、阅读地质图件的基本方法是很重要的。

3.7.1　地质图的基本内容和规格

1. 地质图的种类

地质图的种类繁多，但由于在经济建设中应用目的的不同，其内容也有所侧重。在工程建设中，常用的地质图有以下几种：

(1)普通地质图。以一定比例尺的地形图为底图，反映一个地区的地形、地层岩性、地质构造、地壳运动及地质发展历史的基本图件，称为普通地质图。在普通地质图上，除了编绘一个地区地表出露的不同地质年代的地层分界线和主要地质构造的构造线外，还附有一两个地质剖面图和综合地层柱状图。普通地质图是编绘其他专门性地质图的基本图件。

(2)地貌及第四纪地质图。以一定比例尺的地形图为底图，主要反映一个地区的第四纪沉积层的成因类型、岩性及其形成时代、地貌单元的类型和形态特征的一种专门性地质图(用来表示某一项地质条件或服务于某一专门的国民经济项目的地质图称专门性地质图，如专门表示地下水条件的水文地质图，服务于各种工程建设的工程地质图)，称为地貌及第四纪地质图。在建筑物地区的河流两岸及河谷地段，测绘编制地貌及第四纪地质图是必要的。

(3)工程地质图。工程地质图是根据工程地质条件而编制，是在相应比例尺的地形图上表示各种工程地质勘察工作成果的图件。为某些工程建设的需要而编制的称为专门性问题工程地质图。

（4）天然建筑材料图。天然建筑材料图是反映天然建筑材料的产地、分布与储量的图件。

（5）地质剖面图及地层柱状图。地质剖面图及地层柱状图是指在平面地质图的基础上，为可以更清楚反映一个地区地表以下一定深度内的各种地质现象而编制的垂直方向的地质图件。它们常与平面地质图配合使用。路桥工程建设需要的有建筑物工程地质剖面图、综合地层柱状图、钻孔柱状图等。

2. 地质图的基本内容和规格

如前所述，地质图是根据工作阶段和应用目的选用一定的比例尺，将地表出露的各种地质现象测绘在拟选相同或大于地质图比例尺的地形底图上编制而成的，因此，一幅完整而符合标准的地质图，应包括以下基本内容：

（1）平面地质图。这是地质图的主体部分，包括如下几点：①地理概况。图区所在的地理位置（经纬度、坐标线）、主要居民点位置（城镇、乡村所在地）、地形地貌的特征等。②一般地质现象。各种不同地质年代的地层种类、岩性、产状、分布规律及地层界线、各种地质构造类型等。③特殊的地质现象。崩塌、滑坡、泥石流、喀斯特、泉和重要的蚀变现象等。

（2）地质剖面图。在平面地质图上，选择一至数条有代表性方向的图切剖面，以表示岩层、褶皱、断层的空间形态及产状和地貌特征。

（3）综合地层柱状图。主要表示平面图区内的地层层序、厚度、岩性变化及接触关系。

（4）图例。主要说明地质图中所用的线条符号和颜色的含义。按沉积地层层序、岩浆岩、地质构造及其他地质现象顺序排列。

（5）比例尺。比例尺的大小反映了图的精度。比例尺越大，图的精度越高，对地质条件的反映也越详细、越准确。一般地质图比例尺的大小，是由工程的类型、规模、设计阶段和地质条件的复杂程度确定的。按工作的详细程度或工作阶段的不同，地质图可分为大比例尺（1∶1 000～1∶25 000）地质图、中比例尺（1∶50 000～1∶100 000）地质图、小比例尺（1∶20 万～1∶100 万）地质图。工程建设地区的地质图，一般是大比例尺地质图。

（6）责任栏。说明地质图的编制单位、编审人员、成图日期等。

3.7.2　地质现象及地质条件在地质图上的表示方法

地质图所反映的地质内容，如地层岩性、岩层产状、岩层接触关系、褶皱、断层及其他地质现象等，是通过不同的线条符号和色彩表示在一幅相应比例尺的地形底图上的。现将主要的几种地质条件在图上的表示方法简述如下：

1. 地层岩性的表示

地层岩性在地质图上是通过地层分界线、地层年代代号、岩性符号和颜色，配合图例说明来表示的。但地层分界线在地质图上可能呈现各种形状，归纳起来有以下几种：

(1)第四纪松散沉积层和基岩的分界线。其形状较不规则，但有一定规律，大多在河谷斜坡、盆地边缘、平原与山区交界处，大致沿着山麓等高线延伸。在冲沟发育、厚度较大的松散沉积层分布地区，基岩则常在冲沟的底部出露。

(2)岩浆岩侵入体的界线。其形状最不规则，也无规律可循，需根据情况进行实地测绘。

(3)层状岩层的界线。其在地质图上出现最多且规律性较强，形状主要取决于岩层的产状和地形之间的关系。

①水平岩层。水平岩层的地层界线与地形等高线平行或重合，呈封闭曲线，如图 3-18(a)所示。

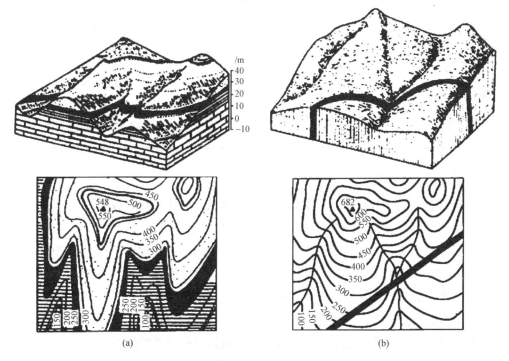

(a) (b)

图 3-18 水平岩层和直立岩层在地质图上的表现

(a)水平岩层；(b)直立岩层

②直立岩层。直立岩层的地层界线不受地形的影响，呈直线沿岩层的走向延伸，并与地形等高线直交，如图 3-18(b)所示。

③倾斜岩层。倾斜岩层的地层界线与地形等高线斜交，呈 V 形弯曲的曲线状。地层界线的弯曲程度与岩层倾角和地形起伏有关。一般岩层倾角越小，V 形越紧闭；倾角越大，V 形越开阔。按岩层产状与地形的关系有以下规律，称为 V 形法则。

a. 岩层倾向与地形坡向相反时，地层界线的弯曲方向(即 V 形的尖端，下同)和地形等高线的弯曲方向相同，但地层界线的弯曲度比地形等高线的弯曲度小。

b. 岩层倾向与地形坡向相同，而且岩层倾角大于地面坡度时，地层分界线的弯曲方向和地形等高线的弯曲方向相反。

c. 岩层倾向与地形坡向相同，而岩层倾角小于地面坡度时，地层分界线的弯曲方向和地形等高线的弯曲方向相同，但地层界线的弯曲度比地形等高线的弯曲度大。

2. 岩层产状的表示

地质图常用表 3-2 所列符号表示岩层产状。

表 3-2　岩层产状符号表

岩层特征	所用符号	说明
水平岩层	┼	长线表示走向 短线表示倾向
倾斜岩层	＼30°	长线表示走向 短线箭头表示倾向 数字表示倾角
直立岩层	↓	箭头表示新岩层
倒转岩层	↶	箭头表示倒转后的倾向

3. 岩层接触关系的表示及特征

(1)整合接触。其在地质图上表现为两套地层的界线大体平行，较新地层只与一个较老地层相邻接触，而且地层年代连续。用"——"(实线)表示。

(2)平行不整合接触。其在地质图上表现为两套地层的界线大体平行，较新地层也只与一个较老地层相邻接触，但地层年代不连续。用"……"(虚线)表示。

(3)角度不整合接触。在地质图上表现为两套地层的界线不平行，呈角度交截，一种较新地层同多种较老地层相邻接触，产状不同，地层年代不连续。用"~~~~"(波浪线)表示。

(4)沉积接触。在地质图上表现为岩浆岩的界线被沉积岩界线截断。

(5)侵入接触。在地质图上表现为沉积岩的界线被岩浆岩界线截断。

4. 褶皱的表示

褶皱在地质图上主要通过地层的分布规律、年代新老关系和岩层产状综合表示出来。为了突出褶皱轴部的位置及褶皱的形态类型，常在褶皱核部地层的中央，用下列符号加重表示：背斜：———┼———；向斜：———┼———。

(1)水平褶皱。若是两翼倾角大致相等而方向相反，地层界线呈平行带状，则为水平褶皱。

(2)倾斜褶皱。若是两翼倾角不相等且倾向相反，地层界线呈同心带状，则为倾斜褶皱。

褶曲在地质图上的表现如图 3-19 所示。

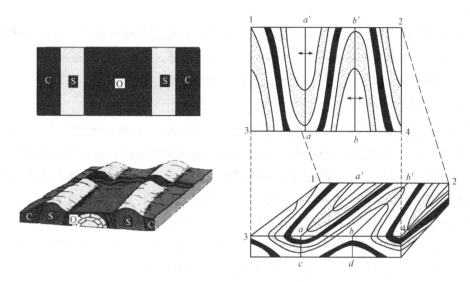

图 3-19 褶曲在地质图上的表现

5. 断层的表示

断层在地质图上也是通过地层分布的规律和特征，结合规定的符号来表示的。在断层出露的位置，用下列红线符号加重表示断层的性质和类型。

┳┳┳↓┳┳┳代表正断层。长线表示断层出露的位置和断层线延伸的方向，带箭头的短线表示断层面倾向，数字为断层面倾角。不带箭头的短线所在的一侧为断层的下降盘。

┳┳┳↑┳┳┳代表逆断层。不带箭头的双短线所在的一侧为断层的下降盘，其他符号同上。

→——————代表平移断层。箭头表示两盘相对滑动的方向，其他符号同上。

3.7.3　地质剖面图和综合地层柱状图的编制

1. 地质剖面图

(1)概念：地质剖面图是为表明地表以下及深部的地质条件及地质构造情况，用统一规定的符号，按一定的方位、一定的比例缩小而编制的图件。

(2)根据地质平面图绘制剖面图：

①在平面图上确定剖面线位置。剖面线应尽量垂直岩层走向、褶皱轴向和断层线方向，以便能更清楚地反映地质构造形态。在工程地质平面图上，为满足设计需要，常沿建筑物的轴线布置剖面线，以便更好地反映地下一定深度的工程地质条件。

②根据剖面线长度和所通过处的地形，按比例画地形剖面线。剖面图的水平比例尺及垂直比例尺应与平面图比例尺一致。当平面图比例尺太小或地形平缓时，垂直比例尺可适当放大，但剖面图中所用的岩层倾角必须进行换算，而且所反映的构造形态将有一定程度

的失真。

③将地层界线、断层线等投影在地形剖面线上，并根据岩层的倾向、倾角和断层的倾向、倾角等画上岩性及断层的符号、标注地层年代的代号。

④标示剖面线两端方位，写上图名、图例和比例尺等。

2. 综合地层柱状图

综合地层柱状图是将平面图区内出露的各种地层岩性、厚度、接触关系、沉积顺序、岩浆活动等内容，按一定比例自上而下、由新到旧地反映在柱状表格上的地质图件。图中不反映褶皱和断裂构造。对于厚度太小按比例无法表示出来，但对工程却有重要意义的岩层，如软弱夹层、夹泥层、煤层等，可适当放大比例尺或用特定符号加重表示。为工程利用的综合地层柱状图，除一般的描述外，还应着重描述岩石的工程地质性质。

综合地层柱状图，对了解一个地区的地层特征和地质发展史等很有帮助。因此，常将它和地质平面图及剖面图放在一起，相互对照补充，共同说明一个地区的地质条件。

3.7.4 地质图的阅读与分析

掌握了上述地质图的基本知识后，即可进行地质图的阅读和分析，了解工程建筑地区的区域地层岩性分布和地质构造特征，分析其有利与不利的地质条件，对建筑物的影响具有很重要的实际意义。

1. 阅读地质图的方法

(1)先看图和比例尺，以了解地质图所表示的内容、图幅的位置、地点范围及其精度。如图中比例尺是1∶5 000，即图上1 cm相当于实地距离50 m。

(2)阅读图例，了解图中有哪些地质时代的岩层及其新旧关系；并熟悉图例的颜色及符号，在附有地层柱状图时，可与图例配合阅读，综合地层柱状图较完整、清楚地表示地层的新老次序、分布程度、岩性特征及接触关系。

(3)分析地形地貌，了解本区的地形起伏、相对高差、山川形势、地貌特征等。

(4)阅读地层的分布、产状及其和地形之间的关系，分析不同地质年代的分布规律、岩性特征，以及新老接触关系，了解区域地层的基本特点。

(5)阅读地质构造，了解图上有无褶皱以及褶皱类型，轴部、翼部的位置；有无断层，断层性质、分布以及断层两侧地层的特征，分析本地区地质构造形态的基本特征。

(6)综合分析各种地质现象之间的关系、规律性及其地质发展简史。

(7)在上述阅读分析的基础上，对图幅范围内的区域地层岩性条件和地质构造特征，可结合工程建设的要求，进行初步分析评价。

2. 阅读地质图实例

以黑山寨地区地质为例(图3-20)，试着阅读地质图。

阅读步骤如下：图名、比例尺、图例、地形地貌、地层岩性、地质构造。

(1)比例尺为1∶10 000，即图上1 cm代表实地距离100 m。

(2)地形地貌。本地区西北部最高，高程约为570 m。东南较低，约为100 m；相对高差约为470 m。东部有一个山岗，高程约为300 m。顺地形坡向有两条北北西向沟谷。

(3)地层岩性。本区出露地层从老到新有：古生界—下泥盆统(D_1)石灰岩、中泥盆统(D_2)页岩等。中生界—下三叠统(T_1)页岩、中三叠统(T_2)石灰岩等。

(4)地质构造。

岩层产状：R为水平岩层；T、K为单斜岩层，产状330°∠35°；D、C地层大致近东西或北东东向延伸。

褶皱：古生界地层从D_1至C_2由北部到南部形成三个褶皱，依次为背斜、向斜、背斜，褶皱轴向为NE75°～80°。

断层：共发育有四条断层。F_1、F_2为两条规模较大的断层，断层走向345°。F_3、F_4二条规模较小的平移断层，F_3走向300°，F_4走向30°。

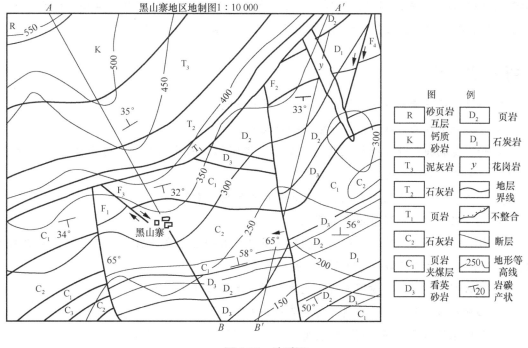

图 3-20　地质图

3. 第四纪地质图的编制

第四纪地质图的主要内容：

(1)第四纪堆积物的岩性特征。在第四纪地质图中，除表明堆积物的成因类型和时代外，还应表明第四纪堆积物的岩性。不同的岩性在图上常用不同的圆点，或不同方向及不同密度的线条或花纹符号，表示在已经标明成因和时代的有色底图上。

(2)第四纪堆积物的成因类型。野外确定第四纪堆积物的成因类型时，一般是根据第四纪堆积物的岩性、结构和地貌特征，划分不同成因的堆积物。不同成因类型的堆积物，在图上常用不同的颜色表示。图例、符号及颜色等可参阅有关规范的规定。

（3）第四纪堆积物的时代。第四纪地质图上必须注明地层年代或相对顺序，野外划分第四纪地层时，一般利用地貌分析法和层位相关地层对比的方法，将第四纪地层时代用四分法表示，如：Q1、Q2、Q3、Q4。不分时代时用"Q"表示，时代合并时，用"Q2＋3"表示，时代延续用"Q2－3"表示（中、上更新统未分层）。第四纪地质图上除包括上述内容外，还应有化石点、人类活动遗迹、古文化遗迹、砂矿点、地质界线、控制性钻孔、探井、泉、地表上大的水系和重要的高程点等。这些都是用专门的符号表示，有时还补充文字说明。若第四纪堆积物甚薄或基岩分布较广时，则用网格状线条表示基岩出露区。

小 结

应用地壳运动的理论，阐述当今地球表层（地壳）仍然是在不断地运动和发展着，各种典型的地质构造（水平、倾斜、褶皱、断裂、不整合等）的形成、产状、类型，以及它们的识别方法和在地质图上的表示方法，重点是学会阅读和分析地质图。

复习思考题

1. 什么是地壳运动及地质构造？两者的关系如何？

2. 什么叫岩层的产状要素？请绘图并详述之。

3. 什么是褶曲？什么是褶皱构造？试绘图说明褶曲的基本类型、形态分类及其特征。在野外怎样识别褶皱构造？

4. 褶皱与断层形成的地表地层重复出露现象有何区别？

5. 怎样在野外识别张节理与剪节理？

6. 什么是断层？试绘图说明断层的基本类型及其组合形式的特征。在野外怎样识别断层？为什么重要的建筑物都要避开断层破碎带？

7. 什么叫地质图？地质图有哪些主要类型？怎样阅读地质图？

8. 如何在地质图上区分向斜构造与背斜构造？

9. 如何在地质图上确定断层的类型？

10. 各种岩层的接触关系在平面图上是如何反映的？

11. 怎样绘制节理玫瑰图和地质剖面图？

任务4 认识地貌与第四纪地质

1. 了解地貌的形成和发展的动力、规律及影响因素。
2. 熟悉地貌的分级和分类。
3. 了解第四纪地质。

1. 掌握识别山地地貌的形态要素和不同成因的山地地貌形态。
2. 掌握识别平原地貌的形态要素、类型及河流阶地的成因及类型。

4.1 地貌概述

地貌是指在各种地质营力作用下形成的地球表面各种形态外貌的总称。地貌形态大小不等，千姿万态，成因复杂，总的说来，地貌形态是内外地质营力相互作用的结果。大如大陆、洋盆、山岳、平原，其形成主要与地球内力的地质作用有关，小如冲沟、洪积扇、溶洞和岩溶漏斗，主要由外力地质作用塑造而成。现代地表不同规模、不同成因的地貌，处于不同发展阶段，按不同规律分布于不同地段，使大地呈现一幅极其复杂的"镶嵌"图案。

地貌学是研究地表起伏形态及其发生、发展与分布规律的一门学科。地貌学的研究是不平衡的，一般说来，陆地地貌（包括沿岸地带）要比海洋地貌的研究程度高；外营力地貌要比内营力地貌的研究更加详细；应用地貌则正在兴起。

4.1.1 地貌的形成和发展

1. 地貌形成和发展的动力

地壳表面的各种地貌都在不断地形成和变化，促使地貌形成和发展变化的动力是内、外力地质作用。

内力作用形成了地壳表面的基本起伏，对地貌的形成和发展起决定作用。首先，地壳的构造变动不仅使地壳岩层因受到强烈的挤压、拉伸或扭曲而形成一系列褶皱带和断裂带，而且还在地壳表面形成大规模的隆起区和沉降区。隆起区将形成大陆、高原、山岭；沉降区则形成海洋、平原、盆地。其次，地下岩浆的喷发活动对地貌的形成和发展也有一定的影响。岩浆沿裂隙喷发可形成火山锥和熔岩盖等堆积物，它们的覆盖面积可达数百甚至数十万平方千米，厚度可达数百或数千米。内力作用不仅形成了地壳表面的基本起伏，而且还对外力作用的条件、方式及过程产生深刻的影响。例如地壳上升，侵蚀、剥蚀、搬运等作用增强，堆积作用就变弱；地壳下降，则与上述情况相反。

根据外力作用的作用过程，外力作用可分为风化、剥蚀、搬运、堆积和成岩等作用，外力作用对由内力作用所形成的基本地貌形态，不断地进行雕塑、加工，起着改造作用。其总趋势是削高补低，力图把地表夷平，即把由内力作用所造成的隆起部分进行剥蚀破坏，同时把破坏的碎屑物质搬运、堆积到由内力作用所造成的低地和海洋中去。如同内力作用会引起外力作用的加剧一样，在外力作用把地表夷平的过程中，也会改变地壳已有的平衡，从而又为内力作用产生新的地面起伏提供新的条件。

综上所述，地貌的形成和发展是内、外力共同作用的结果，我们现在看到的各种地貌形态，就是地壳在内、外力作用下发展到现阶段的形态表现。

2. 地貌形成、发展的规律和影响因素

地貌的形成和发展变化，首先取决于内、外力作用之间量的对比。例如，在内力作用使地表上升的情况下，如果上升量大于外力作用的剥蚀量，地表就会升高，最后形成山岭地貌；反之，如果上升量小于外力作用的剥蚀量，地表就会降低或被削平，最后形成剥蚀平原。同样，在内力作用使地表下降的情况下，如果下降量大于外力作用所造成的堆积量，地表就会下降，形成低地；反之，如果下降量小于外力作用所造成的堆积量，地表就会被填平乃至增高，形成堆积平原或各种堆积地貌。

此外，地貌的形成和发展变化也取决于地貌水准面。当内力作用造成地表基本起伏后，如果地壳运动由活跃期转入宁静期，此时内力作用变弱。但外力作用并未因此而变弱，它的长期继续作用最终会将地表夷平，形成一个平面，这个夷平面就是高地被削平、凹地被填充的水准面，所以也称为地貌水准面。地貌水准面是外力作用力图最终达到的剥蚀界面，在此过程中，内外力作用所形成的各种地貌，其形成和发展均要受它的控制。地貌水准面并非一个，一般有多少种外力作用，就有多少个相应的地貌水准面。这些地貌水准面可以是单因素的，但在更多情况下则常是多种因素互相结合的，因为在同一地区各种外力作用常是同时进行的。

地貌的形成和发展除受上述规律支配外，还受地质构造、岩性、气候条件等因素的影响。外力作用改变地貌的能力，常常是与地质构造和岩石性质相联系的。地质构造对地貌的影响，明显的见于山区和剥蚀区。例如，各种构造破碎带常是外力作用表现最强烈的地方，单斜山和桌状山等多是岩层产状在地貌上的反映。岩性不同，其抵抗风化和剥蚀的能力也就不同，从而形成不同的地貌。影响岩石抵抗风化和剥蚀能力的主要因素，是由岩石的矿物成分、结构和构造等所决定的岩石的坚硬程度。气候条件对地貌形成和发展的影响也是显著的，例如，高寒的气候地带常形成冰川地貌，干旱地带则形成风沙地貌。

4.1.2 地貌类型

地球的表面是高低不平的，而且差距较大，大到可划分为大陆和海洋两部分。

海洋的面积约占地壳的 71%，其平均深度为 3 700 多米。海洋地形的半数为表面平坦无明显起伏的大洋盆地。海底的山脉称为海岭，而海底长条形的洼地则称为海沟，一般深度大于 6 km，可谓地球表面最低洼地区，如西太平洋马里亚纳海沟 11 034 m，菲律宾海沟 10 540 m。地壳厚 1.6 km。与陆地连接的浅海平台，则称为大陆架。大陆架外缘的斜坡，称为大陆坡。

大陆的平均海拔高度为 800 多米，按高程和起伏状况，大陆表面可分为山地 33%、丘陵 10%、平原 12%、高原 26% 和盆地 19% 等地貌形态。

1. 地貌的形态分类

按地貌绝对高度和地形起伏的相对高度大小来划分和命名，见表 4-1。

表 4-1 大陆地貌的形态分类

形态类型		绝对高度 /m	相对高度 /m	平均坡度 /(°)	举例
山地	高山	>3 500	>1 000	>25	喜马拉雅山
	中山	1 000~3 500	500~1 000	10~25	庐山、大别山
	低山	500~1 000	200~500	5~10	川东平行岭谷
丘陵		<500	<200		闽东沿海丘陵
高原		>600	>200		青藏、内蒙古、黄土、云贵高原
平原	高平原	>200			成都平原
	低平原	0~200			东北、华北、长江中下游
洼地		<海平面高度			吐鲁番盆地

(1)山地。陆地上海拔高度在 500 m 以上，由山顶、山坡和山麓组成的隆起高地，称为山或山地，是高低山的总称。按山地的外貌特征、海拔高度、相对高度和山地坡度，结合我国的具体情况，山地又分高山、中山和低山三类。

①海拔高度为 >3 500 m、相对高度 >1 000 m、山坡坡度大于 25° 的山地，称为高山。它的大部山脊或山顶位于雪线以上，那里终年冰雪皑皑，冰川和寒冻风化作用成为塑造地貌形态的主要外力。

②海拔高度为 1 000~3 500 m、相对高度为 500~1 000 m、山坡坡度为 10°~25° 的山地，称为中山。中山的外貌特征多种多样，有的显得和缓，有的显得陡峭，还有的经过冰川作用而具有尖锐的角峰和锯齿形山脊等。

③海拔高度为 500~1 000 m、相对高度为 200~500 m、山坡坡度一般在 5°~10° 之间的山地，称为低山。有些切割较深的低山，坡度较大，常大于 10°。

(2)高原。陆地表面海拔高度在600 m以上、相对高度在200 m以上，面积较大、顶面平坦或略有起伏，耸立于周围地面之上的广阔高地，称为高原。规模较大的高原，顶部常形成丘陵和盆地相间的复杂地形。世界上最高的高原是我国的青藏高原，平均海拔高度超过4 000 m。我国的内蒙古高原、云贵高原以及华北、西北地区的黄土高原等，规模都十分可观。山区面积占2/3。

(3)平原。陆地表面宽广平坦或切割微弱、略有起伏，并与高地毗连或为高地围限的平地，称为平原。平原按海拔高度分为低平原和高平原两种。

低平原是指海拔高度小于200 m、地势平缓的沿海平原。如我国的华北大平原就是典型的低平原，其是在巨型盆地长期缓慢下降、不断为堆积物补偿条件下形成的广阔平原。堆积物成分复杂，有冲积、洪积、湖积和海积物等。

高平原是指海拔高度大于200 m、切割微弱而平坦的平地。如我国的河套平原、银川平原和成都平原都是高平原，是在不同规模的盆地长期下降、不断为堆积物补偿的条件下形成的堆积平原。堆积物的成分主要是冲积、洪积和湖积物。

(4)盆地。陆地上中间低平或略有起伏、四周被高地或高原所围限的盆状地形，称为盆地。盆地的海拔高度和相对高度一般较大，如我国的四川盆地(最富庶)中部的平均高程为500 m，青海柴达木盆地(聚宝盆)的平均高程为2 700 m。盆地规模大小不一，依其成因分构造盆地和侵蚀盆地两种。构造盆地常常是地下水富集的场所，蕴藏有丰富的地下水资源。侵蚀盆地中的河谷盆地，即山区中河谷的开阔地段或河流交汇处的开阔地段，往往是修建水库的理想库盆。

(5)丘陵。丘陵是一种起伏不大、海拔高度一般不超过500 m、相对高度在200 m以下的低矮山丘，多半由山地、高原经长期外力侵蚀作用而形成。丘陵的主要特征是形态个体低矮、顶部浑圆、坡度平缓、分布零乱，无明显的延伸规律等，如我国东南沿海一带的丘陵。

在公路工程中，丘陵可进一步划分为重丘和微丘，其中相对高度大于100 m的丘陵为重丘，小于100 m的为微丘。

2. 地貌的成因分类

按地貌形成的地质作用因素可划分为内力地貌和外力地貌两大类。再根据内、外力地质作用中的不同性质，可将两大类地貌分为若干类型。

(1)内力地貌。

①构造地貌。由地壳的构造运动所造成的地貌，其形态能充分反映原来的地质构造形态。如高地符合于构造隆起和上升运动为主的地区，盆地符合于构造凹陷和下降运动为主的地区。如褶皱构造山、断层断块山等。

褶皱构造山：褶皱构造山是岩层受构造作用发生褶皱而形成的山。根据褶皱构造形态及褶皱山发育的部位不同，又可分为背斜山(图4-1)、向斜山、单面山和方山。

图 4-1 背斜山

断层断块山：断层断块山是因断层使岩层发生错断相对抬升而形成的山。断块山垂直位移值愈大，山势也就越陡。陕西境内的秦岭是典型的断块山。

褶皱断块山：褶皱断块山是由褶皱与断层两种作用组合而成的山地。其基本地貌特征由断层形式决定，具有高大而明显的外貌。

②火山地貌。由火山喷发出来的熔岩和碎屑物质堆积所形成的地貌为火山地貌，如熔岩盖、火山锥等。

(2)外力地貌。以外力作用为主所形成的地貌为外力地貌(图 4-2)。

图 4-2 构造节理风化后的地貌

根据外动力的不同，它又分为以下几种：

①水成地貌。水成地貌以水的作用为地貌形成和发展的基本因素。水成地貌又可分为面状洗刷地貌、线状冲刷地貌、河流地貌、湖泊地貌与海洋地貌等。

②冰川地貌。冰川地貌以冰雪的作用为地貌形成和发展的基本因素。冰川地貌可分为冰川剥蚀地貌与冰川堆积地貌。前者如冰斗、冰川槽谷等；后者如侧碛、终碛等。

③风成地貌。风成地貌以风的作用为地貌形成和发展的基本因素。风成地貌又可分为

风蚀地貌与风积地貌，前者如风蚀洼地、蘑菇石等，后者如新月形沙丘、沙垄等。

④岩溶地貌。岩溶地貌以地表水和地下水的溶蚀作用为地貌形成和发展的基本因素。其所形成的地貌如溶沟、石芽、溶洞、峰林、地下暗河等。

⑤重力地貌。重力地貌以重力作用为地貌形成和发展的基本因素。其所形成的地貌如崩塌、滑坡等。此外，还有黄土地貌、冻土地貌等。

4.2 山地地貌

4.2.1 山地地貌的形态要素

山地地貌具有山顶、山坡、山脚等明显的形态要素。

山顶是山岭地貌中最高的部分，山顶呈长条形延伸时称山脊。山脊标高较低的鞍部，即相连两山顶之间较低的部分称为垭口。一般来说，山体岩层坚硬、岩层倾斜或因受冰川的刨蚀时，多呈尖顶或很狭窄的山脊。气候温热、风化作用强烈的花岗岩或其他松软岩石分布区多呈圆顶。在水平岩层或古夷平面分布区则多呈平顶，典型的如方山、桌状山等。

山坡是山地地貌的重要组成部分。在山地地区，山坡分布的面积最广。山坡的形状有直线形、凹形、凸形以及复合形等各种类型，这取决于新构造运动、岩性、岩体结构及坡面剥蚀和堆积的演化过程等因素。

山脚是山坡与周围平地的交接处。由于坡面剥蚀和坡脚堆积，一般情况下，山脚在地貌上并不明显，在那里通常有一个起着缓和作用的过渡地带，它主要由一些坡积裙、冲积堆、洪积扇及岩堆、滑坡堆积体等流水堆积地貌和重力堆积地貌组成。

4.2.2 山地地貌的类型

山地地貌可以按形态或成因分类。按形态分类一般是根据山地的海拔高度、相对高度和坡度等特点进行划分，见表4-1。根据地貌成因，可以将山岭地貌划分为以下几个类型：

1. 构造变动形成的山地

(1)平顶山。平顶山是由水平岩层构成的一种山地，多分布在顶部岩层坚硬(如灰岩、胶结紧密的砂岩或砾岩)和下卧层软弱(如页岩)的软硬相互层发育地区，在侵蚀、溶蚀和重力崩塌作用下，使四周形成陡崖或深谷，由于顶面硬岩抗风化能力强而兀立如桌面。由水平硬岩层覆面的分水岭，有可能成为平坦的高原。

(2)单面山。单面山是由单斜岩层构成的沿岩层走向延伸的一种山岭，它常常出现在构造盆地的边缘和舒缓的窟窿、背斜和向斜构造的翼部，其两坡一般不对称。其中，与岩层倾向相反的一坡短而陡，称为前坡。前坡多是经外力的剥蚀作用所形成，故又称为剥蚀坡。与岩层倾向一致的一坡长而缓，称为后坡或构造坡。如果岩层倾角超过40°，则两坡的坡度和长度均相差不大，其所形成的山岭外形很像猪背，所以又称猪背岭。

单面山的发育主要受构造和岩性控制。如果各个软硬岩层的抗风化能力相差不大，则上下界限分明，前后坡面不对称，上为陡崖，下为缓坡；若软岩层抗风化能力很弱，则陡坡不明显，上部出现凸坡。如果上部硬岩层很薄，下部软弱层很厚，则山脊走线比较弯曲；反之则比较顺直，陡崖很高。如果岩层倾角较小，则山脊走线弯曲；反之，走线顺直。此外，顺岩层走向流动的河流，河谷一侧坡缓，另一侧陡，称为单斜谷。猪背岭由硬岩层构成，山脊走线很平直，顺岩层倾向的河流，可以将岩层切成深的峡谷。

单面山的前坡（剥蚀坡），由于地形陡峻，若岩层裂隙发育，风化强烈，则容易产生崩塌，且其坡脚常分布有较厚的坡积物和倒石堆，稳定性差，故对布设路线不利。后坡（构造坡）由于山坡平缓，坡积物较薄，故常常是布设路线的理想部位。不过在岩层倾角大的后坡上深挖路堑时，应注意边坡的稳定问题，因为开挖路堑后，与岩层倾向一致的一侧，会因坡脚开挖而失去支撑，特别是当地下水沿着其中的软弱岩层渗透时，容易产生顺层滑坡。

（3）褶皱山。褶皱山是由褶皱岩层所构成的一种山岭。在褶皱形成的初期，往往是背斜形成高地（背斜山），向斜形成凹地（向斜谷），地形是顺应构造的，称为顺地形。但随着外力剥蚀作用的不断进行，有时地形也会发生逆转现象，背斜因长期遭受强烈的剥蚀而形成谷地，而向斜因为堆积作用而形成山岭，这种地质构造称为逆地形。一般在年轻的褶皱构造上顺地形居多，在较旧的褶皱构造上，由于侵蚀作用进一步发展，逆地形则比较发育。此外，在褶皱构造上还可能同时存在背斜谷和向斜谷，或者演化为猪背岭或单斜山、单斜谷等。

（4）断块山。断块山是由断裂变动所形成的山岭。它可能只在一侧有断裂，也可能两侧均为断裂所控制。断块山在形成的初期可能有完整的断层面及明显的断层线。断层面构成了山前的陡崖，断层线控制了山脚的轮廓，使山地与平原或山地与河谷间的界线相当明显而且比较顺直。以后由于剥蚀作用的不断进行，断层面便可能遭到破坏而后退，崖底的断层线也被巨厚的风化碎屑物所掩盖。此外，由断层面所构成的断层崖，也常受垂直于断层面的流水侵蚀，因而在谷与谷之间形成一系列断层三角面，它常是野外识别断层的一种地貌证据。

（5）褶皱断块山。上述山岭都是由单一的构造形态所形成，但在更多情况下，山岭常常是由它们的组合形态所构成。由褶皱和断裂构造的组合形态构成的山岭称为褶皱断块山，这里曾经是构造运动剧烈和频繁的地区。

2. 剥蚀作用形成的山岭

这种山岭是在山体地质构造的基础上，经长期外力剥蚀所形成的。例如，地表流水侵蚀作用所形成的河间分水岭，冰川刨蚀作用所形成的刃脊、角峰，地下水溶蚀作用所形成的峰林等，都属于此类山岭。由于此类山岭的形成是以外力剥蚀作用为主，山体的构造形态对地貌形成的影响已退居不明显地位，所以此类山岭的形态特征主要取决于山体的岩件、外力的性质及剥蚀作用的强度和规模。

4.2.3 垭口和山坡

1. 垭口

对于公路工程来说，研究山岭地貌必须重点研究垭口。因为若能寻找越岭的公路路线中合适的垭口，则可以降低公路高程和减少展线工程量。从地质作用看，可以将垭口分为如下 3 个基本类型：

(1)构造型垭口。其是由构造破碎带或软弱岩层经外力剥蚀所形成。常见的类型有下列 3 种：

①层破碎带型垭口。这种垭口工程地质条件比较差。岩体的整体性被破坏，经地表水侵入和风化，岩体破碎严重，一般不宜采用隧道方案。如采用路堑，需控制开挖深度或考虑边坡防护，以防止边坡发生崩塌。

②背斜张裂带型垭口。这种垭口虽然构造裂隙发育，岩体破碎，但工程地质条件较断层破碎带型为好。这是因为垭口两侧岩层外倾，有利于排除地下水，有利于边坡稳定，一般可采用较陡的边坡坡度，使挖方工程量和防护工程量都比较小。如果选用隧道方案，施工费用和洞内衬砌也比较节省，是一种较好的垭口。

③单斜软弱层型垭口。这种垭口主要由页岩、千枚岩等易于风化的软弱岩层构成。两侧边坡多不对称，一坡岩层外倾可略陡一些。由于岩性软弱，稳定性差，故不宜深挖。若须采取深路堑，与岩层倾向一致的一侧边坡的坡角应小于岩层的倾角，两侧坡面均要有防风化的措施，必要时应设置护壁或挡土墙。穿越这一类垭口，宜优先考虑隧道方案，可以避免因风化带来的路基病害，还有利于降低越岭线的标高，缩短展线工程量或提高公路线形标准。

(2)剥蚀型垭口。这是以外力强烈剥蚀为主所形成的垭口，其形态特征与山体地质结构无明显联系。此类垭口的共同特点是松散覆盖层很薄，基岩多半裸露。垭口的肥瘦和形态特点主要取决于岩性、气候及外力的切割程度等因素。在气候干燥寒冷地带，岩性坚硬和切割较深的垭口本身较薄，宜采用隧道方案，采用路堑深挖也比较有利，是一种良好的垭口类型。在气候温湿地区和岩性较软弱的垭口部位，则本身较平缓宽厚，采用深挖路堑也比较稳定，但工程量较大。在灰岩分布区的溶蚀性垭口，无论是明挖路堑或开挖隧道，都应注意溶洞或其他地下溶蚀地貌的影响。

(3)剥蚀-堆积型垭口。这是在山体地质结构的基础上，以剥蚀和堆积作用为主导因素所形成的垭口。其开挖后的稳定性主要取决于堆积层的地质特征和水文地质条件。这类垭口外形浑缓，垭口宽厚，宜于公路展线，但由于松散堆积层较厚，有时还发育有湿地或高地沼泽，水文地质条件较差，故不宜降低过岭标高，一般以低填或浅挖的形式通过。

2. 山坡

山坡是山岭地貌形态的基本要素之一，不论越岭线或山背线，路线的绝大部分都布设在山坡中靠近岭顶的斜坡上，所以在路线勘测中总是把越岭垭口和展线山坡作为一个整体来考虑。山坡的形态特征是新构造运动、山坡的地质结构和外动力地质条件的综合反映，对公路的建筑条件有着重要的影响。

山坡的外部形态特征包括山坡的高度、坡度和纵向轮廓等。山坡的外形是各种各样的，下面根据山坡的纵向轮廓和山坡的坡度，将山坡简略地概括为以下几种类型：

(1)按山坡的纵向轮廓分类。

①直线形坡。在野外见到的直线形坡，一般可分为3种情况。第1种是山坡岩性单一，经长期的强烈风化冲刷剥蚀，形成纵向轮廓比较均匀的直线形山坡，稳定性一般较高。第2种是单斜岩层构成的直线形坡，这种在介绍单面山时介绍过，由于后坡平缓，坡积物较薄，是布设路线的理想部位，但在岩层倾角大的后坡上开挖深路堑时，易发生顺层滑坡，因而不易深挖。第3种是岩性松软或岩体相当破碎，在气候干寒、物理风化强烈的条件下经长期剥蚀碎落和面堆积而形成的直线形山坡，这种山坡在青藏高原和川西峡谷比较发育，稳定性最差，选作傍山公路的路基，应注意避免挖方内侧的塌方和路基沿山滑塌。

②凸形坡。这种山坡上缓下陡，自上而下坡度渐增，下部甚至呈直立状态，坡脚界线明显。这类山坡往往是由于新构造运动加速上升，河流强烈下切所造成。其稳定条件主要取决于岩体结构，一旦发生山坡变形，则会形成大规模的崩塌。在岩体稳定的条件下，上部平缓坡可选做公路路基。

③凹形坡。这种山坡上部陡，下部急剧变缓，坡脚界线很不明显。山坡的凹形曲线可能是由于新构造运动减速上升所导致的，也可能是山坡上部的风化破坏作用与风化产物的堆积作用相结合的结果。分布在松软岩层中的凹形坡，大多都在过去特定条件下由大规模的滑坡、崩塌等山坡变形现象形成的，凹形坡面往往就是古滑坡面的滑动面或崩塌体的依附面。地震后的地貌调查表明，在各种地坡地貌形态中，凹形山坡是稳定性较差的一种。在凹形坡的下部缓坡上也可以进行公路布线，但设计路基时，应注意稳定平衡；沿河谷的路基，应注意冲刷防护。

④阶梯形坡。阶梯形坡有两种不同的情况：第1种是由软硬不同的水平岩层或岩层组成的基岩山坡，由于软硬岩层的差异风化而形成阶梯状的山坡外形，山坡的表面剥蚀强烈，覆盖层薄，基岩外露，稳定性一般较高。第2种是由于山坡曾经发生过大规模的滑坡变形，由滑坡台阶组成的次生阶梯状斜坡，这种斜坡多存在于山坡的中下部，如果坡脚受到强烈冲刷或不合理的切坡，或者受到地震的影响，可能引起古滑坡复活，威胁建筑结构的稳定。

(2)按山坡的纵向坡度分类。根据山坡的纵向坡度，小于15°的为微坡，介于16°~30°之间的为缓坡，31°~70°的为陡坡，山坡坡度大于70°的为垂直坡。

总而言之，稳定性高、坡度平缓的山坡便于公路展线，但应注意考察其工程地质条件。特别是在山坡的一些低洼部分的平缓山坡，通常有厚度较大的坡积物和其他重力堆积物分布，容易汇水导致水文条件不良。当这些堆积物与下伏基岩的接触面因开挖而被揭露后，就可能引起堆积物沿基岩顶面发生滑动。

4.3 平原地貌

平原地貌是在地壳升降运动微弱或长期稳定的前提下，经风化剥蚀夷平或岩石风化碎屑经搬运而在低洼地面堆积所形成的。其特点是：地势平坦开阔，地形起伏不大。一般来说，平原地貌有利于公路选线，在选择有利地质条件的前提下，可以设计成比较理想的公路线形。平原按高程分为高原、高平原、低平原和洼地；按成因可分为构造平原、剥蚀平原和堆积平原。

4.3.1 构造平原

构造平原是由地壳构造运动形成，其特点是微弱起伏的地形面与岩层面一致，堆积物厚度不大。构造平原可分为海成平原和大陆凹曲平原。海成平原是地壳缓慢上升、海水不断后退所形成的，其地形面与岩层面一致，上覆堆积物多为泥砂和淤泥，并与下伏基岩一起微向海洋倾斜；大陆凹曲平原是因地壳沉降使岩层发生凹曲所形成，岩层倾角较大，平原面呈凹状或凸状，其上覆堆积物多与下伏基岩有关。

由于基岩埋藏不深，所以构造平原的地下水一般埋藏较浅，若排水不畅，在干旱或半干旱地区易形成盐渍化。在多雨的冰冻地区则常易造成道路的冻胀和翻浆。

4.3.2 剥蚀平原

剥蚀平原是在地壳上升微弱、地表岩层高差不大的条件下经外力的长期剥蚀夷平所形成。其特点是地形面与岩层面不一致，上覆堆积物常常很薄，基岩常裸露于地表，只是在低洼地段有时才覆盖有厚度稍大的残积物、坡积物、洪积物等。按外力剥蚀作用的动力性质不同，剥蚀平原又分为河成剥蚀平原、海成剥蚀平原、风力剥蚀平原和冰川剥蚀平原，其中较为常见的是前两种。河成剥蚀平原是河流长期侵蚀作用所形成，亦称准平原，其地形起伏较大，并沿河流向上游逐渐升高，有时某些地方保留有残丘，如山东泰山外围的平原；海成剥蚀平原由海流的海蚀作用所形成，其地形一般较为平缓，微向现代海平面倾斜。剥蚀平原形成后往往因地壳运动变得活跃，剥蚀作用重新加剧使剥蚀平原遭到破坏，故分布面积常常不大。剥蚀平原的工程地质条件一般较好，剥蚀作用将起伏不平的小丘夷为平地，某些覆盖层较厚的洼地也比较稳定，宜修建公路路基，或者作为小桥涵的天然地基。

4.3.3 堆积平原

堆积平原是在地壳缓慢而稳定下降的条件下，经各种外力作用堆积填平所形成。其特点是地形开阔平缓，起伏不大，往往分布有厚而松散的堆积物。按外力作用的性质不同，又可分为河流冲积平原、山前洪积冲积平原、湖积平原、三角洲平原、风积平原和冰积平原，其中较为常见的是前4种。

1. 河流冲积平原

河流冲积平原是由河流改道及多条河流共同沉积形成。它大多分布于河流的中、下游地带。因为这些地带河床较宽，堆积作用很强，且地面平坦，排水不畅，每当雨季洪水溢出河床，其所携带的大量碎屑物质便堆积在河床两岸，形成天然堤。当河水继续向河床以外的广大地区淹没时，其流速不断减小，堆积面积越来越大，堆积物的颗粒越来越小，久而久之，便形成广阔的冲积平原。

河流冲积平原地形开阔平坦，具有良好的工程建设条件，对公路选线十分有利。但其下基岩埋藏一般很深，第四纪堆积物很厚，细颗粒多，且地下水水位浅，地基地的承载力较低。在冰冻潮湿地区，道路的冻胀翻浆问题比较突出。此外还应注意，为避免洪水淹没，路线应设在地形较高处，而在淤泥层分布地段，还应注意淤泥对路基、桥基的强度和稳定性的影响。

2. 山前洪积冲积平原

山前区是山区和平原的过渡地带，一般是河流冲刷和沉积都很活跃的地带。汛期来时，洪水冲刷，在山前堆积了大量的洪积物，形成洪积扇。不同的洪积扇连在一起，就形成了规模巨大的洪积平原。

3. 湖积平原

湖积平原是河流注入湖时，将所挟带的泥砂堆积在湖底使湖底，逐渐淤高，干涸后沉积层露出地面所形成。在各种平原中，湖积平原的地形最为平坦。湖积平原中的堆积物，由于其是在静水条件下形成的，故淤泥和泥炭的含量较多，其总厚度一般也较大，其中往往夹有多层呈水平层理的薄层细砂或黏土，很少见到圆砾或卵石，且土颗粒由湖岸向湖心逐渐由粗变细。湖积平原地下水一般埋藏较浅，其沉积物由于富含淤泥和泥炭，常具可塑性和流动性，孔隙度大，压塑性高，故承载力低。

4. 三角洲平原

河流流入海的地方叫河口，河口是河流主要的沉积场所。一方面由于河流流入河口处水域骤然变宽，河水散开成为许多岔流，加之河水被海水阻挡，流速大减，机械搬运物便大量堆积下来，河流机械搬运物的一半以上沉积于此；另一方面，河水中呈溶运的胶溶体的胶体粒子所带电荷被海水电解质中和后也会迅速沉淀。大量物质在河口沉积下来，从平面上看，外形像三角形或鸡爪形，所以叫三角洲。长期的河口沉积就会形成规模庞大的三角洲平原。

4.4 河谷地貌

4.4.1 河谷地貌的形态要素

河流所流经的槽状地形称为河谷，它是在流域地质构造的基础上经河流的长期侵蚀、搬运及堆积作用逐渐形成和发展起来的一种地貌。路线沿河流布设，可具有线形舒顺、纵坡平缓、工程量小等优点，所以河谷通常是山区公路争取利用的一种好的地貌类型。

受基岩性质、地质构造和河流地质作用多种因素的控制，河谷的形态是多种多样的。在平原地区，由于水流缓慢，多以沉积作用为主，河谷纵横断面均较平缓，河流在其自身沉积的松散沉积层上发育成曲流和岔道，河谷形态与基岩性质和地质构造等关系不大；在山区，由于复杂的地质构造和软硬岩石性质的影响，河谷形态不单纯由水流状态和泥沙因素所控制，地质因素起着更重要的作用，因此河谷纵横断面均比较复杂，具有波状与阶梯状的特点。

典型的河谷地貌，一般都具有如下几个形态部分：

1. 谷底

谷底是河谷地貌中最低的组成部分，地势一般比较平坦，其宽度为两侧谷坡坡麓之间的距离，谷底上分布有河床及河漫滩。河床是在平水期间为河水所占据的部分，称为河槽；河漫滩是在洪水期间为河水淹没的河床以外的平坦地带，其中每年都能被洪水淹没的部分称为低河漫滩，仅为周期性或被多年一遇的最高洪水所淹没的部分称为高河漫滩。

2. 谷坡

谷坡是高出谷底的河谷两侧的坡地，谷坡上部的转折处称为谷缘，下部的转折处称为坡麓或坡脚。

3. 阶地

阶地是沿着谷坡走向呈条带状或断续分布的阶梯状平台。阶地可能有多级，此时，从河漫滩向上依次称为一级阶地、二级阶地、三级阶地等。每一级阶地都有阶地面、阶地前缘、阶地后缘、阶地斜坡和阶地坡麓等要素。阶地面就是阶地平台的表面，它实际上是原来老河谷的谷底，大多向河谷轴部和河流下游微倾斜。阶地面并不十分平整，因为在它的上面，特别是在它的后缘，常常由于崩塌物、坡积物、洪积物的堆积而呈波状起伏。此外，地表径流对阶地面起着切割破坏作用。阶地斜坡是指阶地面以下的坡地，在河流向下深切后所造成的。阶地斜坡倾向河谷轴部，并也常为地表径流所切割破坏。阶地一般不被洪水淹没。

并非所有的河流或河段都发育有阶地。由于河流发展阶段和河谷所处的具体条件的不同，有的河流或河段没有阶地。

4.4.2 河谷地貌的类型

1. 按发展阶段分类

河谷的形态多种多样，按其发展阶段可分为未成形河谷、河漫滩河谷和成形河谷3种类型。

(1)未成形河谷。在山区河谷发育的初期，河流处于以垂直侵蚀为主的阶段，由于河流下切很深，多形成断面呈V形的深切河谷，因此也称V形河谷。其特点是两岸谷坡陡峻甚至直立，基岩直接出露，谷底较窄，常为河水所充满，谷底基岩上缺乏河流冲积物。

(2)河漫滩河谷。河谷进一步发育，河流的下蚀作用减弱而侧向侵蚀加强，使谷底拓宽，并伴有一定程度的沉积作用，因而河谷多发展为谷底平缓、谷坡较陡的U形河谷，在河床的一侧或两侧形成河漫滩，河床只占据谷底的最低部分。

(3)成形河谷。河流经历了比较漫长的地质时期，侵蚀作用几乎停止，沉积作用显著，河谷宽阔，并形成完整的阶地。

2. 按河谷走向与地质构造的关系分类

按河谷走向与地质构造的关系，可以将河谷分为以下几类：

(1)背斜谷。背斜谷是沿背斜轴伸展的河谷，是一种逆地形。背斜谷多沿张裂隙发育而成，虽然两岸谷坡岩层反倾，但因纵向构造裂隙发育，谷坡陡峻，故岩体稳定性差，容易产生崩塌。

(2)向斜谷。向斜谷是沿向斜轴伸展的河谷，是一种顺地形。向斜谷的两岸谷坡岩层均属顺倾，在不良的岩性和倾角较大的条件上，容易发生顺层滑坡等病害。但向斜谷一般都比较开阔，使路线位置的选择有较大的回旋余地，应选择有利地形和抗风化能力较强的岩层修筑路基。

(3)单斜谷。单斜谷是沿单斜岩层走向伸展的河谷，单斜谷在形态上通常具有明显的不对称性，岩层反倾的一侧谷坡较陡，不利于公路布线；顺倾的一侧谷坡较缓，但应注意采取可靠的防护措施，防止坡面顺层坍滑。

(4)断层谷。断层谷是沿断层定向延伸的河谷。河谷两岸常有构造破碎带存在，岸坡岩体的稳定性取决于构造破碎带岩体的破碎程度。

(5)横谷与斜谷。横谷与斜谷综合了上述4种构造谷的共同点，其中河谷的走向与构造线的走向一致，所以把它们称为纵谷。横谷与斜谷就是河谷的走向与构造线的走向大体垂直或斜交，它们一般是在横切或斜切岩层走向的横向或斜向断裂构造的基础上，经河流的冲刷侵蚀逐渐发展而成的，就岩层的产状条件来说，它们对谷坡的稳定性是有利的，但谷坡一般比较陡峻，在坚硬岩层分布地段，多呈峭壁悬崖地形。例如，四川北碚附近的嘉陵江河段，横切三个背斜，形成了著名的小三峡。

4.4.3 河流阶地

1. 阶地的成因

河流阶地是在地壳的运动与河流的侵蚀、堆积的综合作用下形成的。当河漫滩河谷形成之后，由于地壳上升或侵蚀基准面相对下降，原来的河床或河漫滩便受到下切，没有受到下切的部分就高出于洪水位之上，变成阶地，于是河流又在新的水平面上开辟谷地。此后，当地壳构造运动处于相对稳定期或下降期时，河流纵剖面坡度变小，流水动能减弱，河流垂直侵蚀作用变弱或停止，侧向侵蚀和沉积作用增强，于是又重新拓宽河谷，塑造新的河漫滩。在长期的地质历史过程中，若地壳发生多次升降运动，则引起河流侵蚀与堆积作用交替发生，从而在河谷中形成多级阶地。紧邻河漫滩的一级阶地形成的时代最晚，一般保存较好；依次向上，阶地的形成时代越老，其形态相对保存越差。

2. 阶地的类型

由于构造运动和河流地质过程的复杂性，河流阶地的类型是多种多样的，分为下列3种主要类型：

(1)侵蚀阶地。侵蚀阶地主要是由河流的侵蚀作用形成的，若由基岩构成，阶地上面基岩直接裸露或只有很少的残余冲积物，多发育在构造抬升的山区河谷中。

(2)堆积阶地。堆积阶地是由河流的冲积物组成的，所以又叫冲积阶地或沉积阶地。当河流侧向侵蚀拓宽河谷后，由于地壳下降，逐渐有大量的冲积物发生堆积，待地壳上升，河流在堆积物中下切，形成堆积阶地。堆积阶地在河流的中、下游最为常见。

第四纪以来形成的堆积阶地，除下更新统的冲积物具有较低的胶结成片作用外，冲积物都呈松散状态，容易遭受河水冲刷，从而影响阶地稳定。

(3)侵蚀-堆积阶地。分布于新构造运动上升显著的地区。其特点是由两部分组成，在阶地陡坎的剖面上可以看到，上部为冲积物，下部为基岩，冲积物覆盖在基岩底座上，又称为基座阶地。它是由于后期河流下蚀深度超过原有河床中冲积物厚度，切入基岩内部而形成的。其分布于地壳经历了相对稳定、下降及后期显著上升的山区。

由于河流的长期侵蚀和堆积，形成的河谷一般都存在不同规模的阶地。它一方面缓和了山谷坡脚地形的平面曲折和纵向起伏，有利于路线平纵面设计和减少工程量；另一方面又不易遭受山坡变形和洪水淹没的威胁，保证路基稳定。所以在通常情况下，阶地是河谷地貌中布设路线的理想部位。

4.5 第四纪地质

第四纪(Quaternary)一词，是1829年法国地质学家德努埃(Desnoyers)所创，他把地球的历史分为四个时期，第四纪是指地球发展历史最近的一个时期。1839年赖尔

(Ch. Lyell)把含现生种属海相无脊椎动物化石达90％和含人类活动遗迹的地层划为第四纪，奠定了第四纪地层划分系统。直到1881年第二届国际地质学会才正式使用"第四纪"一词。

第四纪的下限一般定为248万年。第四纪分为更新世和全新世，更新世分为早、中、晚三个世，它们的划分及绝对年代见表4-2。

表4-2　第四纪地层划分和岩性特征

地层时代		极性世	年龄/(×10⁴)	气候期划分	
				气候	冰期划分
全新世 (Q₄)	晚(Q₄²)	布容正向极性世		温	冰后期
	早(Q₄¹)		1	寒温	
晚更新世 (Q₃)	晚(Q₃²)			冷夹暖	冰期
	早(Q₃¹)		12.984	暖	间冰期
中更新世 (Q₂)	晚(Q₂²)			冷夹暖	冰期
	早(Q₂¹)		73	暖	间冰期
早更新世 (Q₁)	晚(Q₁³)	松山反向极性世	97	冷	冰期
	中(Q₁²)		187	暖	间冰期
	早(Q₁¹)		248	冷	冰期
上新世 (N2j)		高斯正向极性世		暖	冰期前

4.5.1　第四纪地质概况

大约在200多万年前，地球上出现了人类，这是最重大的事件。北京附近周口店的石灰岩洞穴中发现了大约生活在四五十万年以前的"北京猿人"头盖骨化石及其使用的工具。

第四纪时期地壳有过强烈的活动，为了与第四纪以前的地壳运动相区别，故把第四纪以来发生的地壳运动称为新构造运动。地球上巨大块体大规模的水平运动、火山喷发、地震等都是地壳运动的表现。第四纪气候多变，曾多次出现大规模冰川。地区新构造运动的特征，对工程区域稳定性问题的评价是一个基本要素。

1. 第四纪气候与冰川活动

第四纪气候冷暖变化频繁，气候寒冷时期冰雪覆盖面积扩大，冰川作用强烈发生，称为冰期。气候温暖时期，冰川面积缩小，称为间冰期。第四纪冰期，在晚新生代冰期中的规模最大，地球上的高、中纬度地区普遍为巨厚冰流覆盖。当时气候干燥，因而沙漠面积扩大。中国大陆在冰期时，海平面下降，渤海、东海、黄海均为陆地，台湾与大陆相连，气候干燥、风沙盛行、黄土堆积作用强烈。第四纪冰川不仅规模大而且频繁。根据深海沉积物研究，第四纪冰川作用有20次之多，而近80万年之内，每10万年就有一次冰期和间冰期。

2. 板块构造

20 世纪 40 年代以来，出于军事目的和对石油资源的需求，进行了大规模海底地质调查，获得大量成果，导致全球构造理论——板块构造学说的诞生。

1945 年德国魏根纳提出大陆漂移说，他认为距今大约 1.5 亿年前，地球表面有个统一的大陆，他称之为联合古陆。联合古陆周围全是海洋。以侏罗纪开始。联合古陆分裂成几块并各自漂移、最终形成现今大陆和海洋的分布。奥地利地质学家休斯对大陆漂移学说作了进一步推论，认为古大陆不是一个而是两个。北半球的一个称劳亚古陆，南半球的一个称冈瓦纳大陆。大陆漂移说的主导思想是正确的，但限于当时地质科学发展水平而未得到普遍接受。

20 世纪 50—60 年代，大量科学观测资料支持大陆漂移说重新抬头。60 年代末形成板块构造理论。把大陆、海洋、地层、火山以及地壳以下的上地幔活动有机地联系起来，形成一个完整的地球动力系统。

板块学说认为：刚性的岩石圈分裂成 6 个大的地壳块体（板块），它们驮在软流圈上作大规模水平运动。各板块边缘结合地带是相对活动的区域，表现为强烈的火山（岩浆）活动、地震和构造变形等。而板块内部是相对稳定区域。全球划分出 6 个大的板块：太平洋板块、美洲板块、非洲板块、印度洋板块、南极洲板块、欧亚板块，以及 6 个小型板块，共 12 个板块。

相邻板块间的结合情况有 3 种类型：①岛弧和海沟，表现为大洋地壳沿海沟插入地下，构成消减带，并引起火山作用、地震以及挤压应力作用，如太平洋板块与欧亚板块间的情况。②洋中脊，其是地壳生成的地方，表现为拉张应力，如非洲板块与美洲板块之间的情况。③转换断层，其是横穿过洋中脊的大断裂，表现为剪切应力作用。板块间的接合带与现代地震、火山活动带一致。板块构造学说极好地解释了地震的成因和分布。

4.5.2 第四纪沉积物

第四纪沉积物是这一时期古环境信息的主要载体，是研究第四纪古环境的物质基础。

1. 第四纪沉积环境的一般特征

(1)第四纪沉积基本上是一个连续的层圈。在现今地球表面的任何地方，包括大陆和海洋的各个角落，都有第四纪沉积物分布。

(2)第四纪沉积主要由尚未胶结成岩的松散沉积物构成，只有在少数情况下，才能见到已成岩的第四纪沉积。所以，第四纪沉积常被称为沉积物，而不称作岩石。

(3)组成第四纪沉积的沉积物包括陆相沉积物和海相沉积物，其中陆相沉积物类型复杂多样，而海相沉积物类型比较简单。

(4)由于第四纪沉积的松散性，因而其处于不稳定状态。它除了受外力作用被再次搬运、沉积之外，由于生物与水的作用，在其内部也在不断地发生物质的移动。相对来讲海相沉积物，尤其是深海沉积物要比陆相沉积物稳定得多。

（5）第四纪沉积的厚度变化较大，其中陆相沉积物的厚度可以从几厘米到几千米，而海相沉积物的厚度较薄，一般厚度仅为几米到几十米，变化幅度也较小。

（6）第四纪沉积的分布、厚度及组成物质与地貌关系密切。例如河流沉积的分布与特征和阶地有关，风沙沉积与沙漠有关等。

（7）第四纪沉积中的生物化石以哺乳动物为特征，而人类化石及其文化遗存则更为第四纪沉积所特有。

2. 第四纪沉积物的判断及其成因类型

沉积物成因类型的判别是一项重要而复杂的工作。由于各种地质现象的多解性，沉积物成因的判断是比较困难的。判断的主要依据如下：①沉积物产出部位的地貌；②沉积体的形态；③沉积物的结构和构造；④沉积物的物质组成；⑤生物化石的种类及排列方式；⑥地球化学指标。

第四纪沉积物的成因类型复杂多样，根据沉积物形成的环境和作用营力，可以按成因把沉积物分为3大类（陆相、海陆过渡相和海相），共包含15个成因系列、18个成因组、44种成因类型，44种成因类型又可进一步划分为若干亚类。下面简要介绍常见的几种成因类型。

（1）残积物。残积物指原岩表面经过风化作用而残留在原地的碎屑物。残积物主要分布在岩石出露地表以及经受强烈风化作用的山区、丘陵地带与剥蚀平原。残积物组成物质为棱角状的碎石、角砾、砂粒和黏性土。残积物裂隙多、无层次、不均匀。如以残积物作为建筑物地基，应当注意不均匀沉降和土坡稳定的问题。

（2）坡积物。山坡高处的风化碎屑物质，经过雨水或雪水的搬运和堆积在斜坡或坡脚，这种堆积物称为坡积物。其上部往往与残积物相接。坡积物搬运距离往往不远，物质主要来源于当地山坡上部，组成颗粒由坡积物坡顶向坡脚逐渐变细，坡积物表面的坡度越来越平缓。坡积物厚薄不均、土质不均、孔隙大、压缩性高。如作为建筑物地基，应当注意其不均匀沉降和稳定性。

（3）洪积物。由洪流搬运、沉积而形成的堆积物称为洪积物。洪积物一般分布在山谷中或山前平原上。在谷口附近多为粗颗粒碎屑物，远离谷口则颗粒逐渐变细。这是因为地势越来越开阔，山洪的流速逐渐减缓之故。其地貌特征：靠谷口处窄而陡，离谷后逐渐变为宽而缓，形如扇状，称为洪积扇。洪积物作为建筑物地基时，应注意其不均匀沉降。

（4）冲积物。由河流搬运、沉积而形成的堆积物，称为冲积物。其特点是：山区河谷中只发育单层砾石结构的河床相沉积，山间盆地和宽谷中有河漫滩相沉积，其分选性较差，具透镜状或不规则的带状构造，有斜层理出现，厚度不大，一般不超过 10~15 m，多与崩塌堆积物交错混合。平原河流具河床相、河漫滩相和牛轭湖相沉积。正常的河床相沉积结构是：底部河槽被冲刷后，底部形成以厚度不大的块石、粗砾组成的沉积；其上是由粗砂、卵石土组成的透镜体；上面为分选较好的具斜层理与交错层理、由砂或砾石组成的滨河床浅滩沉积。河漫滩沉积的主要特征是上部的细砂和黏性土与下部河床相沉积组成二元结构，具斜层理和交错层理构造。牛轭湖相沉积是由淤泥质和少量黏性土组成，含有机质，呈暗灰色、黑色、灰蓝色并带有铁锈斑，具水平层理和斜层理构造。冲积物的工程地质性质视具体情况而定。河床相沉积物一般情况是颗粒粗、具有很大的透水性，也是很好的建筑材料；当其为细砂时，饱水后在开挖基坑时往往会发生流砂现象，应特别注意。河漫滩相沉积物一般为细碎屑土和黏性土，结构较为紧密，形成阶地，大多分布在冲积平原的表层，成为各种建筑物的地基，我国不少大城市，如上海、天津、武汉等都位于河漫滩相沉积物之上。牛轭湖相沉积物因含多量的有机质，有的甚至成泥炭，故压缩性大、承载力小，不宜作为建筑物的地基。

(5)淤积物。一般由湖沼沉积而形成的堆积物，称为淤积物。主要包括湖相沉积物和沼泽沉积物等。湖相沉积物包括粗颗粒的湖边沉积物和细颗粒的湖心沉积物。后者主要为黏土和淤泥，夹粉细砂薄层呈带状黏土，强度低、压缩性高。湖泊逐渐淤塞和陆地沼泽化，演变成沼泽。沼泽沉积物即沼泽土，主要为半腐烂的植物残余物一年年积累起来形成的泥炭所组成。泥炭的含水量极高，透水性很低，压缩性很大，不宜作为永久建筑物的地基。

(6)冰积物。凡是由于冰川作用形成的堆积物，均称为冰积物。由于沉积位置不同，冰碛的材料和形状也不同。停留在冰川底部的称底碛，停留在两旁的称侧碛，停留在冰川前端的称前碛或终碛。不论是大陆冰川或山地冰川的沉积物，冰积物都是一些大小块石和泥沙混杂的疏松物质，只有在冰川长期压实的情况下，才可以成为较坚实的沉积层。其中角砾、碎石、砂和黏性土等所占的相对比例及成分的变化随地而异，但它们都与冰川流动地区内基岩性质密切相关。冰积物无分选性和层理。漂石面上具有丁字形擦痕。沉积物常被挤压，呈现褶皱和断裂，工程地质较差。

在冰川的末端或者在冰川的边缘，当消融大于结冰的时候，冰川开始融化成冰水。以冰水作为主要营力而产生的沉积称冰水沉积。它分布于冰川附近的低洼地带，其成分以砂粒为主，夹有少量分选差的砾石，具斜交层理。其工程性质优于冰川堆积。

(7)风积物。风积物是指经过风的搬运而沉积下来的堆积物。风积物主要以风积砂为主，其次为黄土。成分由砂和粉粒组成。其岩性松散，一般分选性好、孔隙度高、活动性强。通常不具层理，只有在沉积条件发生变化时才发生层理和斜层理。工程性能较差。

(8)混合成因的沉积物。混合成因的沉积物保持原成因特征，常见的有残积坡积物(Qel+dl)、坡积洪积物 Q(el+dl)和洪积冲积物 Q(pl+al)等。

3. 第四纪沉积物的时代判别

第四纪沉积体的形成经历了 200 多万年的历史，其中包含了丰富的古环境信息。根据这些信息建立第四纪期间环境演变的模式，其首要工作是建立第四纪沉积体的沉积时间序列，以便进行各种地质事件的排序和对比。

（1）相对时代的判别方法。

①生物演化序列法。利用生物演化的不可逆性，可以根据包括哺乳动物、植物、微体古生物等生物化石的进化特征来建立沉积的时间序列，其中以哺乳动物的时代意义为最大。由于第四纪时间短暂，动物进化特征不甚明显，一般情况下缺乏标准化石，因此，时代的确定主要依据动物群组合的特点。

人类化石及其物质文明的出现与发展，具有重要的时代意义。第四纪沉积圈中丰富的石器、陶器、骨器及人类化石本身都是确定时代的重要标志。

②气候变化序列法。第四纪气候发生过多次周期性的波动，这种气候的波动具有全球的一致性，可以用于时间序列的建立。古气候变化在第四纪沉积体中留下种种痕迹，它们反映在动植物化石、岩石矿物、地球化学等各个方面，综合分析这些标志，可以得到区域气候变化的序列，并以此为基础，建立时间序列。

③构造运动序列法。新构造运动具有周期性，而且在区域甚至全球范围内具有可比性，因此，可以借助构造运动的序列来建立第四纪时间序列。

新构造运动主要表现在沉积物的地貌分布、沉积层的形变和沉积体内不整合面(古地貌面)的存在上，而地貌的发生序列在沉积时间序列的建立上具有重大意义。

④地质事件序列法。地质事件主要指灾变事件，包括风暴(海啸)事件、缺氧事件、富氧事件、生物大规模绝灭事件及天外星体碰撞地球事件等。这些事件以突然发生和具非周期性为特点，它们的能量巨大、影响面广，在沉积体中留有明显的标志。根据这些标志，我们可以建立地质(灾变)事件发生的序列。

⑤地磁极性倒转序列法。第四纪期间，地磁场的极性发生过多次倒转，而且具有全球的同步性。根据沉积物的磁性特征，可以建立极性变化序列。

根据上述方法，我们可以区别第四纪各种沉积层形成的先后顺序，并了解其形成的相对年龄，建立沉积时间序列。

（2）绝对时代的判别方法。

①C14测年法。如果含碳物质一旦停止与大气的交换(如生物死亡、碳酸盐沉积被埋藏等)，则C14得不到新的补充，而原有的C14仍按衰变指数继续减少，每隔5 730年(C14的半衰期)减少原含量的一半，依此类推，时间越久则含量越少。只要测出含碳物质中C14的残余含量，就可计算出该样品与外界停止C14交换后所经历的年代。

用于C14测年的主要样品类别有：植物体、木炭、炭化木、泥炭、土壤、动物骨骼、贝壳、碳酸钙沉积。

②热释光法(TL)。一些不导电的晶(固)体物质，在放射性射线辐照之下，以其内部电子的转移来储藏辐射能量。其方式是晶体在周围放射性元素放射出来的 α、β、γ 射线在辐照下产生电离，大部分能量以晶体发热的形式被消耗掉，另一小部分电子则被晶格缺陷所俘获，并留下空穴。这些落入陷阱的电子必须有足够的动能才能重新从陷阱中逸

出而与空穴复合。在常温下，电子在陷阱中的状态是稳定的，只有在加热的情况下，陷阱中的电子动能增加，被俘获的电子才能从陷阱中射出，与空穴复合并以光量子形式释放出热量，称之为热释光。

热释光测年就是利用热释光技术，测定各类样品最后一次受到热事件或在阳光下受到光晒退归零以后，晶体物质被埋藏并再次遭受周围放射性元素辐射所重新积聚的能量，这种能量可以通过人工晒退来求得。它是时间的函数，可以反映上次归零以后，能量重新积累的时间。

③电子自旋共振测年法(ESR 法)。其基本原理与热释光法类似。即样品在其所处的自然条件中，遭受铀、钍、钾等放射性元素和宇宙射线的辐照，产生晶格陷阱，这些晶格陷阱可被 ESR 技术所探测到。晶格陷阱的数目与样品所受天然辐照总剂量(AD)成正比，亦即与年龄成正比：$t = AD/D$(t 为样品年龄，AD 为样品所受天然辐照总剂量，D 为年辐照剂量)。

④裂变径迹法。样品中的 238U 在得到足够能量的粒子轰击时，就会发生裂变，裂变中所产生的核辐射，射入周围绝缘材料或矿物时，不断俘获沿途电子，从而使它们所途经的路程周围产生辐射损伤区，这就是裂变径迹。单位体积内裂变径迹的数目与矿物中铀含量、238U 裂变速度及矿物累积径迹的时间(年龄)成正比，也就是说，裂变径迹的数目与年龄成正比。裂变径迹的数目可以通过显微镜测读获得。

其样品一般选用铀元素含量较高的矿物，如锆石、磷灰石、石膏、石英。

4.5.3　中国第四纪发育特征

中国第四纪沉积分布广泛；类型多样、发育齐全、生物化石丰富、人类化石及其遗存常见，是全世界第四纪研究程度最高的地区之一。

1. 中国第四纪沉积发育的一般规律

(1)受气候地带性规律的控制，中国第四纪沉积具有明显的纬向地带性和经向地带性。一般来讲，秦岭以北的广大地区属温带季风气候，沉积物以富含钙质和呈碱性为特征，多具灰、灰白和灰黄色，粒度较粗。而秦岭以南的广大地区，属热带、亚热带气候，沉积物以富含铁质和呈酸性为特征，颜色以红色、砖红色为主，化学作用强，粒度较细。而在东、西方向上，随着距海洋距离的加大，大陆度不断加剧，从东向西，呈现从冲积物—洪积物—黄土—沙漠沉积的地带性分布。

(2)受我国三大阶梯地貌的影响，经向地带性明显。第一阶梯地势高，气候寒冷干燥，以冰川和冰缘沉积占优势，并有少量盐湖沉积。第二阶梯地势居中，南部气候湿热，以冲积物为主，灰岩区喀斯特沉积发育，北部气候干旱、半干旱，以大面积的风沙、黄土和洪积物分布为特征。第三阶梯地势低平，受海洋影响，气候温暖湿润，以河湖相沉积占优势。

（3）新构造运动对我国第四纪沉积物的分布有很大影响。不同的大地构造单元有不同类型的沉积，例如沙漠沉积主要分布于稳定下沉的内陆盆地，黄土主要分布在构造长期稳定的黄土高原，而冲积物和湖积物主要分布于长期下降的东部平原和山间盆地，至于洪积物和山麓沉积，则主要分布于山前沉降带。

（4）我国新构造运动和气候演变的继承性，决定我国第四纪沉积物在时间上也具有明显的继承性，亦即同一类型的沉积物在一个地区可以重复出现。如河西走廊，第四纪期间一直发育山麓相的砾石堆积，早更新世为玉门砾石层→中更新世为酒泉砾石层→晚更新世为戈壁砾石层。黄土高原在第四纪期间均为黄土堆积，早更新世为午城黄土→中更新世为离石黄土→晚更新世为马兰黄土。而东部的断陷区，在第四纪一直接受河湖相沉积。

2. 中国第四纪沉积的分布特征

我国第四纪受喜马拉雅运动的影响，构造运动活跃，青藏高原逐渐隆起。青藏高原的隆起，不仅形成了中国三大地貌阶梯的格局，而且也促进了东亚季风环流的形成和发展。受构造和气候的控制，中国第四纪沉积物的分布可以分为以下几个区域：

（1）东部沉降平原沉积区。其主要包括三江平原、松辽平原、华北平原、淮河平原、江汉盆地等。本沉积区具如下特征：

①本区是继承新第三纪拗陷发育的第四纪沉降区。②由于长期的沉降，第四纪沉积物厚度大，可达 $300 \sim 500$ m，且基本连续。③本区受东南季风影响，气候温暖湿润。第四纪期间受全球气候变化的控制，发生过多次冷暖、干湿的交替。④受构造和气候变化的影响，本区第四纪早期沉积物以河湖相为主，中期湖泊缩小，以冲积物占优势，而晚期则以洪积物为主，低地有湖沼沉积分布。⑤受地形的控制，从山麓地带到沿海地带，依次出现洪积物、河湖相沉积和海相层。

（2）中部断陷盆地沉积区。其主要包括鄂尔多斯周边断陷盆地和秦岭山地、川西山地以及横断山脉中的断陷盆地等。本沉积区有如下特征：

①本区主要发育第四纪断陷盆地，其中东北向的有汾河地堑、银川地堑、川西断裂谷地、横断山纵向断裂谷等，东西向的有河套断陷盆地、大同—阳原断陷盆地、延庆断陷盆地、渭河断陷盆地、安康断陷盆地和汉中断陷盆地等。②第四纪期间，这些盆地一直处于沉陷之中，因此沉积物厚度也很大，可达数百米，且基本上为连续沉积。③沉积物早期以湖积物为主，亦有河流沉积，中、晚期湖泊逐渐消失，冲、洪积物发育。在本区北部有大规模黄土堆积，灰岩山地中有洞穴堆积。④本区南北两端第四纪期间有火山活动，北端以大同火山为代表，南端以腾冲火山为代表。

（3）北方黄土分布区。其包括山西、陕西、宁夏及甘肃、青海的部分地区等。本沉积区有如下特点：

①主要处于新构造运动相对比较稳定的大面积隆起区，其范围与三趾马红土分布区大体一致。②沉积物厚度较大，一般在一二百米左右，沉积连续、岩性均一。③气候上

受东南季风影响，但从东南向西北，季风影响逐渐减弱。第四纪期间季风的进退对本区影响颇大。④本区主要沉积风成黄土，但也有部分湖相沉积或河流相沉积。⑤受主导风的控制，黄土的性状由西北向东南呈规律性的变化。受气候变化的控制，黄土的性状在剖面上也呈规律性变化。⑥所发现的哺乳动物化石属古北区耐干旱种属。

(4)华南红土沉积区。其包括长江以南沿海各省和两湖、两广的广大地区。本区具有如下特征：

①本区地处新构造稳定地区。②第四纪沉积厚度不大，一般仅有几米至几十米。受热带、亚热带炎热多雨气候影响，沉积物以红色土状堆积为主，其中常见灰色网纹，故又称为网纹红土。其外还有河流堆积和洞穴堆积。③网纹红土中缺乏化石，近年有旧石器发现。在洞穴堆积中有马来区系的大熊猫-剑齿象动物群化石，并有古人类化石发现。④沿海地带有海岸阶地，保留有海相沉积物和海滩岩。

(5)西部干旱盆地沉积区，包括准噶尔盆地、塔里木盆地、柴达木盆地和河西走廊等地。本区具有如下特征：

①本区为差异性升降运动造成的大型山间断陷盆地和山前断陷盆地，是第三纪盆地的继续。②盆地中沉积物厚度大，可达数百米。③由于地处大陆腹地，因此本区气候干燥少雨。④盆地中心多为湖积物、盐湖层、风砂沉积，而山麓主要为巨厚的山麓砾石层。⑤沉积物中哺乳动物化石罕见。

(6)西部高山冰川沉积区，包括105°E以西所有的高山，如喜马拉雅山、天山、昆仑山、祁连山、岷山和玉龙山等。本区地处新构造强烈隆起区，山体高大，一般均在4 000 m以上。气候寒冷，现代冰川活跃，也是第四纪古冰川分布区。因此，沉积物主要为冰碛物、冰水沉积和冰湖沉积。

(7)青藏高原冰缘沉积区，包括整个青藏高原及川西高原。本区亦属新构造大面积强烈隆起区，海拔在4 000 m以上，高寒气候使本区冰缘现象十分普遍，冰碛沉积发育，如冰卷泥、融冻泥流和石海等。在第四纪期间，本区经历了多次冰期、间冰期的交替，其所形成的冰缘沉积和湖泊沉积物在剖面上有规律地交互出现。

📖 小 结

地貌是指地球表面各种不同成因、不同类型、不同规模的起伏形态。地球上的各种地貌形态是地球内、外力共同作用的结果。垭口是公路穿越山岭的理想部位。山坡形态对越岭公路线的展布工程有着很大的影响。平原地貌一般工程地质条件较好，对公路建设而言，关注的重点是路基的最小高度和水文地质条件。河谷地貌一般具有谷底、谷坡、阶地三个形态要素，路线沿河流布设，可具有线形舒顺、纵坡平缓、工程量小等特点，所以河谷往往是山区公路争取利用的一种较好的地貌类型。

复习思考题

1. 简述地貌的概念。
2. 简述地貌类型的划分。
3. 简述第四纪地质的概况。
4. 第四纪沉积物的主要成因类型有哪几种?
5. 残积物、坡积物、洪积物和冲积物各有什么特征?
6. 简述第四纪沉积物的时代判别方法。
7. 简述我国第四纪发育特征。

任务5　认识地表水的地质作用

⊚ **知识目标**

1. 了解暂时性水流地质作用及其堆积物。
2. 掌握河流的地质作用。

⊚ **技能目标**

能够分析牛轭湖的形成过程。

5.1　暂时性水流地质作用及其堆积物

5.1.1　概述

在自然界中，水以气态、液态和固态三种相态存在。按其存在的部位，水又可分为大气水、地表水和地下水。这三部分水之间既有区别，又有着密切的联系，在一定的条件下可以相互转化。大气水、地表水和地下水之间这种不间断的运动和相互转化，称为水的循环。

水循环按其循环范围，又分为大循环和小循环：

大循环——整个地球范围内，在海洋和陆地之间的循环。

小循环——地球局部范围内的循环。

陆地上除了干旱地区和寒冷地区以外，地表流水的地质作用在广泛地进行。

地表流水分为暂时性流水和经常性流水。

5.1.2　暂时性流水的地质作用

暂时流水是大气降水后，短暂时间内形成的地表的流水。因此雨季是它发挥作用的主要时间，特别是在强烈的集中暴雨后，它的作用特别显著，往往造成较大危害。

1. 雨蚀作用及残积物

大气降水渗入地下时，将地表附近细小颗粒带走，同时也将周围易溶成分溶解并带走，而残留在原地的则是一些未被带走、不易溶解的松散物质，这个过程称为淋滤作用。残留在原地的松散破碎物质叫残积物。

淋滤作用的结果是使地表附近的岩石逐渐失去其完整性和致密性。

残积物的特征：

(1)位于地表以下、基岩风化带以上，从地表至地下，破碎程度逐渐减弱；

(2)残积物的物质成分与下伏基岩成分基本一致；

(3)残积层的厚度与地形、降水量等多种因素有关；

(4)残积层具有较大的孔隙率、较高的含水量，但其力学性质较差。

2. 片流作用（洗刷作用与坡积层）

大气降水在汇集之前，沿山坡坡面形成漫流，将覆盖在坡面上的风化破碎物质洗刷到山坡坡脚处，这个过程称为洗刷作用。在坡脚处形成的新的沉积层称为坡积层。

坡积层的特征：

(1)坡积物的厚度变化较大，一般在坡脚处最厚，向山坡上部及远离山脚的方向均逐渐变薄尖灭；

(2)坡积层多由碎石和黏性土组成，其成分与下伏基岩无关；

(3)搬运距离较短，坡积层层理不明显，碎石棱角清楚；

(4)坡积层松散、富水、力学性质差。

3. 洪流地质作用（冲刷作用与洪积层）

地表流水汇集后，水量增大，侵蚀能力加强，携带的泥砂石块也渐多，使沟槽不断下切，同时沟槽也不断加宽，这个过程称为冲刷作用。

集中暴雨或积雪骤然大量融化，都会在短时间内形成巨大的地表暂时流水，一般称为洪流，也就是通常意义上的洪水。洪流所携带的大量泥砂、石块被搬运到一定距离后沉积下来，形成洪积层。

(1)冲沟。洪流的水流速度快，携带大量泥砂、石块，可对地面产生强烈的剥蚀作用，它可使小沟加长、加宽和加深，逐渐发展扩大，结果在斜坡上开凿出长沟，即冲沟。

冲沟形成的条件：

①表岩石或土比较疏松；

②裂隙发育；

③地面坡降大，角度陡；

④地面植被稀少；

⑤降水较集中。

在冲沟附近修筑工程建筑，必须查明冲沟的形成条件、原因，特别是冲沟的活动程度，应提出合理的治理方案和措施。

(2)洪积层的特征。

①洪积层多位于沟谷进入山前平原、山间盆地、流入河流处，从外貌上看洪积层多呈

扇形，故称洪积扇；

②洪积物成分复杂，主要是由上游汇水区岩石种类决定；

③在平面上，山口处洪积物颗粒粗大，多为砾石、块石，甚至巨砾；向扇缘方向，洪积物颗粒渐细，由砂、黏土等组成，在断面上，底部较地表颗粒为大；

④积物初具分选性和不明显的层理，洪积物颗粒有一定的磨圆度；

⑤具有一定的活动性。

5.2 河流的地质作用及其堆积物

河流与公路建设的关系极为密切。相当一部分的路桥工程是建立在河流峡谷、阶地、盆地和洪水冲积扇等一定形态的河流地貌单元中的，而且有些河流地貌还往往是储存地下水的良好场所。

河流是沿着槽形凹地经常性或周期性的流水。河流所流经的槽状地形称为河谷。河谷是由谷底和谷坡两大部分组成的（图 5-1）。

图 5-1　河谷要素

谷底包括河床及河漫滩。河床是指平水期水占据的谷底，或称河槽；河漫滩是河床两侧洪水时会被淹没，而枯水时则露出水面的谷底部分。谷坡是河谷两侧的岸坡。谷坡上部常年洪水不能淹没并具有陡坎的沿河平台叫作阶地，但并不是所有的河段均有。

河水流动时，对河床进行冲刷破坏，并将所侵蚀的物质带到适当的地方沉积下来，故河流的地质作用可分为侵蚀作用、搬运作用和沉积作用。

5.2.1 河流的侵蚀作用

河流以河水及其所携带的碎屑物质，在河水流动过程中，不断冲刷破坏河谷、加深河床的作用，称为河流的侵蚀作用。河流侵蚀作用的方式，包括机械侵蚀和化学溶蚀两种。

前者是河流侵蚀作用的主要方式，后者只在可溶岩类地区的河流才表现得比较明显。按照河流侵蚀作用的方向，分垂直侵蚀、侧方侵蚀和向源侵蚀三种。

（1）垂直侵蚀作用。河水及其挟带的沙砾，在从高处不断向低处流动的过程中，不断撞击、冲刷、磨削和溶解河床岩石，降低河床，加深河谷的作用，称为河流的垂直侵蚀作用，简称下蚀作用。这种作用的结果是使河谷越来越深、谷坡越来越陡。

河流的下蚀作用并非无止境的，下蚀作用的极限平面称为侵蚀基准面。如海平面（终极）、湖面（局部）。下蚀作用可使跨河建筑物（桥墩）的地基遭受破坏，应使这些建筑物基础的砌置深度大于下蚀作用的深度，并对基础采取保护措施。

（2）侧方侵蚀作用。其又称旁蚀或侧蚀，是指河水对河流两岸的冲刷破坏，使河床左右摆动，谷坡后退，不断拓宽河谷的过程。侧蚀作用的结果是加宽河床、谷底，使河谷形态复杂化，形成河曲、凸岸、古河床和牛轭湖。旁蚀作用主要发生于河流的中、下游地区。自然界的河流都是蜿蜒曲折的，河水也不是直线流动的，而是呈螺旋状的曲线流动的。河水开始进入弯道时，主流线则偏向弯道的凸岸。进入弯道后，主流线便明显地逐渐向凹岸转移，至河弯顶部，主流线则紧靠凹岸。在河弯处，水流因受离心力的作用，形成表流偏向凹岸而底流则流向凸岸的离心横向环流。

侧蚀不断进行，受冲刷的河岸逐渐变陡、坍塌，使河岸向外凸出，相对一岸向内凹进，使河流形成连续左右交替的弯曲，称河曲，如九曲回肠的嘉陵江。河曲进一步发展，使同侧相邻的两个河弯的凹岸逐渐靠拢，当洪水切开两个相邻河弯的狭窄地段时，河水便从上游河弯直接流入下游相邻的河弯，形成河流的自然裁弯取直。中间被废弃的弯曲河道，逐渐淤塞断流，变为湖泊，叫作牛轭湖（图5-2）。牛轭湖残余的河曲两端逐渐淤塞，脱离河床而形成特殊形状。

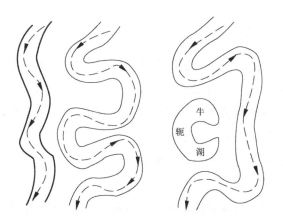

图 5-2　河曲的发展及牛轭湖的形成

我国长江中下游，自宜昌以下发育有很好的自由河曲和牛轭湖，如从湖北石首至湖南岳阳之间的直线距离仅 87 km，但河道长度竟达 240 km，沿线有许多牛轭湖。在这一线上，1970 年 7 月 19 日发生的一次裁弯取直，使得河水冲决了六合垸河弯颈，使原来 20 km 长的河道缩短至不到 1 km。

（3）向源侵蚀作用。其又称溯源侵蚀作用，是指由于河流下切的侵蚀作用而引起的河流源头向河间分水岭不断扩展伸长的现象。向源侵蚀的结果是使河流加长，扩大河流的流域面积、改造河间分水岭的地形和发生河流袭夺。

由于分水岭两侧的坡度常常是不对称的，因而直接影响着两侧河流向源的侵蚀速度。向源侵蚀速度快的一侧，河流源头便较快地向分水岭伸展，使分水岭不断降低，并向坡度较缓的一侧移动，最终切穿分水岭。于是河床高程较低而侵蚀能力较强的河流把另一侧河床高程较高而侵蚀能力较弱的河流上游河段抢夺过来，使原来流入其他流域的部分河流改为流入切过分水岭的河流，造成抢水，又称河流袭夺。若分水岭两侧坡度比较一致，两侧河流向源侵蚀的速度也大体相同，则不会发生抢水，只是均匀地降低分水岭的高度。

5.2.2 河流的搬运作用

河流将其携带的大量碎屑物质和化学溶解物质，不停地向下游方向输送的过程，称为河流的搬运作用。河流拥有巨大的搬运能力(搬运能力取决于流量和流速；按埃里定律，搬运物质重量($G=CV^6$)与流速的六次方成正比，即流速增加一倍，搬运能力增加 64 倍。由它搬运的碎屑物质数量之大，是人们难以想象的。据统计，全世界河流每年输入海洋的泥沙总量约 200 亿 t。搬运物质的主要来源有两个方面：一是流域内由片流洗刷和洪流冲刷侵蚀作用产生的物质；二是由河流对自身河床的侵蚀作用产生的物质。

河水搬运方式：由于上游流速大，土石颗粒(体积 $1\sim100$ m^2)沿河床滚动、滑动，以拖运(推运)为主；中下游部位，泥沙大小和数量随流速改变，以悬运为主；在可溶性物质的河流里，河水搬运以溶运为主。

5.2.3 河流的沉积作用

河水在搬运过程中，由于流速和流量的减小，搬运能力也随之降低，而使河水在搬运中的一部分碎屑物质从水中沉积下来的过程，称为河流的沉积作用。由此形成的堆积物，称为河流的冲积物。河流的冲积物(层)特征：磨圆度良好、分选性好、层理清晰。河流的沉积作用造成河道的淤塞、浅滩、水库的淤积。

河流冲积物在地表分布很广，主要类型如下：

1. 平原河谷冲积物

主要包括河床冲积物、河漫滩冲积物、河流阶地冲积物和古河道冲积物等。①河床冲积物：一般上游颗粒粗，下游颗粒细，因搬运距离长，颗粒具有一定的磨圆度。较粗的砂与砾石密度大，是良好的天然地基。②河漫滩冲积物：常具有二元结构，即下层为粗颗粒土，上层为泛滥形成的细粒土，局部有腐殖土。③河流阶地冲积物：是由地壳的升降运动与河流的侵蚀、沉积作用形成的。④古河道冲积物：由河流裁弯取直改道以后的牛轭湖逐渐淤塞而成。这种冲积物通常有较厚的淤泥、泥炭土，压缩性高，强度低，为不良地基。

2. 山区河谷冲积物

山区河流一般流速大，河谷冲积物多为粗颗粒的漂石、砂卵石等，冲积物的厚度一般不超过 15 m。在山间盆地和宽谷中有河漫滩冲积物，主要为含泥的砾石，具有透镜体和倾斜层理构造。

3. 山前平原冲积洪积物

山前平原堆积物一般常有分带性，即近山一带为冲积和部分洪积的粗粒物质组成，向平原低地逐渐变为砂土和黏性土。

洪积物指由洪流搬运、沉积而形成的堆积物。洪积物一般分布在山谷中或山前平原上。在谷口附近多为粗颗粒碎屑物，远离谷口颗粒逐渐变细。这是因为地势越来越开阔，山洪的流速逐渐减慢的缘故。其地貌特征如下：靠谷口处窄而陡，离谷后逐渐变为宽而缓，形如扇状，称为洪积扇。洪积物作为建筑地基时，应注意不均匀沉降。

4. 三角洲冲积物

河流搬运的大量物质在河口沉积而形成三角洲冲积物，厚度达数百米以上，面积也很大。其冲积物质大致可分为三层：顶积层沉积颗粒较粗，前积层颗粒变细，底积层颗粒甚细，并平铺于海底。此种冲积物含水量高，承载力低。

归纳上述河流的地质作用可见：促使河流地质作用不断进行和发展的是水流。水流同时进行着两种相互依存和相互制约的作用，即侵蚀和沉积作用。这两种作用是同时存在的，河流某一段遭受侵蚀，而另一段就会发生沉积，而且在同一个横断面上就进行着这两种作用。河流的搬运作用，可以认为是以上两种作用处于暂时平衡的结果。虽然这些作用可以在同一断面上存在，但往往在河流上游以侵蚀作用为主，中游处于平衡状态，以搬运作用为主，而下游则以沉积作用为主。

5.2.4 流域地貌

在一定地区内的地面径流，通过若干支流汇入一条主干河流，这一广阔的集水区域称为该主干河流的流域。流域的范围是以四周的地面分水岭圈定的，即主干河流能够获得水量补给的集水区。流域地貌是指在集水范围内，由地面径流的侵蚀、搬运和堆积作用塑造形成的各类地貌形态的总称。

1. 河流各发育阶段中的地貌特征

陆地上的任何一条河流，都经历了很长时期的发展演变。大体可分为幼年期、壮年期和老年期三个阶段。在不同的发展阶段中，其具有不同的地貌特征。

(1)幼年期河流的地貌特征。在河流发育的早期阶段，由于地壳的迅速上升，河流深切侵蚀作用剧烈，大多形成狭窄的"V"形河谷。谷坡陡峭，河流纵剖面陡而倾斜，起伏不匀，谷底几乎全被河床所占据。

(2)壮年期河流的地貌特征。河流进入壮年期阶段后，水流均匀而平静，基本上无急流瀑布，河流纵剖面上的明显起伏也已消失。随着河流侧蚀作用的加强，河谷逐渐拓宽，谷坡平缓，山脊浑圆，地势起伏缓和，由原来的坡峰深谷演变为低丘宽谷。

(3)老年期河流的地貌特征。河流发展到老年阶段后，地质作用以侧向侵蚀和堆积作用为主，下蚀作用已很微弱，河水流速缓慢，堆积作用旺盛，形成宽广的河漫滩，使河床深度逐渐淤浅，滩上湖泊、沼泽密布，汊河发育，河流在自身的堆积物上迂回摆动，形成河曲。

2. 分水岭

分水岭是指相邻两个流域之间的山岭或高地。在分水岭地区，由大气降水形成的地表径流，分别流入山岭或高地两侧的河流。

3. 水系

在流域范围内，主干河流源远流长，拥有众多大小不同的各级支流，形成复杂的同一系统、脉络相通的地表水体，总称为水系。水系中各干流与各级支流的组合形式，称为水系模式。它是各种内、外地质营力作用的产物，受流域内原始地形坡度、岩石性质、地质构造、新构造运动和自然环境等因素的控制，在平面上表现为有规律的排列组合。通过对水系模式的分析研究，可以推测流域内地质构造和地壳新构造运动的大致情况。常见的有下列几种水系模式：树枝状水系、格状水系、平行状水系、辐合水系、放射状和环状水系、羽毛状水系、网状水系。

📖 小　结

本任务主要介绍了河流的地质作用，重点是侵蚀作用，尤其是牛轭湖的形成过程。

📖 复习思考题

1. 什么是河流？河谷由哪些部分组成？
2. 冲沟是怎样形成的？
3. 河流的地质作用是什么？

任务6　认识地下水的地质作用

◉知识目标

1. 了解地下水的概念。
2. 掌握地下水的类型。
3. 掌握潜水、上层滞水、承压水的形成条件及主要工程特征。

◉技能目标

1. 了解地下水运动的基本规律。
2. 了解裂隙水、孔隙水、岩溶水的形成条件及特征。
3. 理解地下水与工程的关系。

6.1　地下水概述

地下水是指存在于地表以下的岩石孔隙、裂隙和空洞中的水。它可以呈各种物理状态存在，但大多呈液态。

地下水主要是由大气降水、融雪水和地表水（河水、湖水、海洋水等）沿着地表岩石的孔隙、裂隙和空洞渗入地下而形成的，因此，地下水是整个自然界中不断循环着的水的一部分。

在降水量很小的干旱地区，空气中的水蒸气进入岩土的孔隙和裂隙中凝结成水滴，水滴在重力的作用下向下流动，也可聚积成地下水。

一般把包含地下水的岩层叫作含水层，能使水通过的岩层叫作透水层，透水性很小或不透水的岩层叫作隔水层。在含水层中，地下水能形成一定而统一的水面，叫作地下水面，地下水面的高程叫作地下水水位。地面以下、地下水面以上的岩石空隙中，含有气态和其他状态的水，也含有空气和其他气体，地壳的这一部分称为包气带。地下水面以下的岩石空隙中充满了水，称为饱水带。在包气带与饱水带之间，有一个毛细水带，它是二者的过渡带。

地下水在地壳中的分布十分普遍，储藏量很大。据估计，地下水的总量约为 4 亿 km^3，如果把这些地下水平均地铺在地球表面上，则水深可达 750 m。因此，地下水无论对人民生活和工程建设都有着重要的意义。

总之，地下水对工程建设有很大的影响，为了充分合理地利用地下水和有效地防治地下水的不良影响，就必须对地下水的成分、性质、埋藏和运动规律等进行充分的研究。

6.2 地下水的类型

6.2.1 地下水的存在形式

岩土空隙中存在着各种形式的水，按其物理性质的不同，可以分为气态水、液态水(吸着水、薄膜水、毛管水和重力水)和固态水。

1. 气态水

气态水以水蒸气的形式存在于未被水饱和的岩土空隙中，它可以从水气压力大的地方向水气压力小的地方运移，当温度降低到露点时，气态水便凝结成液态水。

2. 液态水

(1)吸着水。土颗粒表面及岩石空隙壁面均带有电荷，水是偶极体，在静电引力作用下，岩土颗粒或隙壁表面可吸附水分子，从而形成的一层极薄的水膜，称为吸着水。

(2)薄膜水。在吸着水膜的外层，还能吸附水分子而使水膜加厚，这部分水称薄膜水。

(3)毛管水。毛管水指充满于岩土毛管空隙中的水，也称毛细水。

(4)重力水。岩石的空隙全部被水充满时，在重力作用下能自由运动的水，称为重力水。井中抽取的和泉眼流出的地下水都是重力水，它是水文地质研究的主要对象。

3. 固态水

当岩土中的温度低于 0℃ 时，空隙中的液态水就结冰转化为固态水。因为水冻结时体积膨胀，所以冬季在许多地方均会有冻胀现象。在东北北部和青藏高原等高寒地区，有一部分地下水常年保持固态，形成多年冻土区。

6.2.2 地下水分类

由于地下水自身非常复杂及其影响因素多种多样，所以地下水的分类方法很多，但归纳起来有两种：一是按地下水的某一特征进行分类，比如按硬度分类，按矿化度分类等；二是综合考虑地下水的若干个特征进行分类，如表 6-1 所列按埋藏条件和含水层空隙性质的分类法，这是目前采用比较普遍的分类法。首先按埋藏条件可将地下水分为包气带水、潜水、承压水，其中根据含水层空隙的性质又可分为孔隙水、裂隙水、岩溶水。

表 6-1　地下水分类

埋藏条件 ＼ 含水介质类型	孔隙水	裂隙水	岩溶水
包气带水	土壤水 局部黏性土隔水层上季节性存在的重力水（上层滞水）及悬留毛细水和重力水	裂隙岩层浅部季节性存在的重力水及毛细水	裸露岩溶化岩层上部岩溶通道中季节生存在的重力水
潜水	各类松散沉积物浅部的水	裸露于地表的各类裂隙岩层中的水	裸露于地表的岩溶化岩层中的水
承压水	山间盆地及平原松散沉积物深部的水	组成构造盆地、向斜构造或单斜断块的被掩覆的各类裂隙岩层中的水	组成构造盆地、向斜构造或单斜断块的被掩覆的岩溶化岩层中的水

6.2.3　各类地下水特征

1. 包气带水

(1)土壤水。土壤水是埋藏在包气带土层中的水，主要以结合水和毛管水的形式存在。它靠大气降水的渗入、水汽的凝结及潜水由下而上的毛细作用进行补给。大气降水或灌溉水向下渗入必须通过土壤层，这时渗入水的一部分保持在土壤层中，成为所谓的田间持水量，多余部分呈重力水下渗补给潜水。土壤水主要消耗于蒸发，水分变化相当剧烈，受大气条件的制约。当土壤层透水性很差，气候又潮湿多雨或地下水水位接近地表时，易形成沼泽，称沼泽水。当地下水面埋藏不深，毛细水带可达到地表时，由于土壤水分强烈蒸发，盐分不断积累于土壤表层，则形成土壤盐渍化。

(2)上层滞水。上层滞水是存在于包气带中，局部隔水层之上的重力水。

上层滞水的特点是：分布范围有限，补给区与分布区一致；直接接受当地的大气降水或地表水补给，以蒸发或逐渐向下渗透的形式排泄；水量不大且随季节变化，雨季出现，旱季消失，极不稳定；水质变化亦大，一般较易被污染。

上层滞水由于水量小且极不稳定，只能做临时性的水源。

在建筑工程中，上层滞水的存在乃是不利的因素。基坑开挖工程中经常遇到这种水，这种水可能突然涌入基坑，妨碍施工，应注意排除。由于其水量不大，故易于处理。

2. 潜水

(1)潜水的概念。潜水是埋藏在饱水带中的地表以下第一个具有自由水面的含水层中的重力水。一般多储存在第四系松散沉积物中，也可形成于裂隙性或可溶性基岩中。其基本特点是与大气圈和地表水联系密切，积极参与水循环。

潜水的自由表面称潜水面。潜水面上任一点的高程称该点的潜水位。潜水面到地表的铅直距离称潜水埋藏深度。潜水面到隔水底板的铅直距离称潜水含水层厚度，它是随潜水面变化而变化的。当大面积不透水底板向下凹陷，潜水面坡度近于零，潜水几乎静止不动时，称潜水湖。潜水在重力作用下从高处向低处流动时，称潜水流。在潜水流的渗透途径上，任意两点的水位差与该两点之间的水平距离之比，称潜水流在该处的水力坡度。一般潜水流的水力坡度很小，平原区常为千分之几，山区可达百分之几。

潜水含水层的分布范围称潜水分布区。大气降水或地表水入渗补给潜水的地区称潜水补给区。

一般情况下，潜水的分布区与补给区基本一致。潜水出流的地方称潜水排泄区。

潜水埋藏深度随所处的时间和空间的不同而变化。主要受气候、地形及地质构造的影响。同样，人类活动(开采、回补)也影响潜水的埋藏深度。

潜水补给来源充沛，水量比较丰富，是重要的供水水源。但在居民区和厂矿附近易被污染。潜水水质变化较大，湿润气候地形切割强烈时，易形成含盐低的淡水；干旱气候低平地形，常形成含盐量高的咸水。

(2)潜水面的形状及其影响因素。潜水面的形状是潜水的重要特征之一，它一方面反映外界因素对潜水的影响；另一方面也反映潜水的特点，如流向、水力坡度等。

一般情况下，潜水面呈现向排泄区倾斜的曲面，起伏大体与地形一致，但地形较为平缓。潜水的分水岭，只有在获得大气降水入渗补给，同时伴有水文网切割，潜水排出地表时才能形成。潜水分水岭的形态，在铅直剖面上为一上凸的半椭圆曲线。潜水分水岭的位置取决于分水岭两侧的河水位。当河水位高程相同且岩性又均匀时，分水岭位于中间；河水位高程不同时，分水岭偏向高水位一侧，甚至可消失。如河间地带岩性是渐变的，分水岭偏向弱透水性一侧。

潜水面的形状和坡度还受含水层岩性、厚度、隔水底板起伏的影响。当含水层的岩性和厚度沿水流方向发生变化时，潜水面的形状和坡度也相应地发生变化。在透水性增强或厚度增大的地段，潜水面趋于平缓；反之则变陡。在隔水底板隆起的地段，潜水流中途受阻，在此段上水流厚度变薄，潜水面可接近地表，甚至溢出地表成泉。

(3)潜水的补给、径流和排泄。潜水含水层自外界获得水量的过程称补给。在补给过程中潜水的水质可随之发生相应的变化。潜水最普遍的和最大的补给源是大气降水入渗。地表水的补给常发生在河流下游或洪水期，地上河的补给常发生在河流下游或洪水期，地上河的补给则是经常的。当潜水下部承压含水层的水位高于潜水位时，下部含水层的水可以通过它们之间的弱透水层或通道补给潜水，这种补给称越流补给。在干旱气候区，凝结水则可成为潜水的重要补给源。需要时也可采用人工补给。

潜水由补给区流向排泄区的过程称径流。影响潜水径流的因素，主要是地形坡度、切割程度及含水层透水性。地面坡度大、地形切割强烈，含水层透水性强，径流条件就好，反之则差。

潜水含水层失去水量的过程称排泄。排泄过程中潜水的水质也可随之发生变化。潜水排泄概括起来有两种方式：一种为水平排泄，亦称水平交替；另一种为垂直排泄，亦称垂直交替。排泄的方式不同，引起的后果也不一样。垂直排泄时，只排泄水分，不排泄水中的盐分。结果导致潜水水分消耗，含盐量增加，甚至改变水的化学组成。许多干旱盆地中心，形成高含盐量的咸水，即是垂直排泄的结果。水平排泄，既消耗水分又消耗水中盐分，所以不会引起潜水化学组成的改变。

排泄与径流是密切相关的，一定的径流条件产生与其相适应的排泄方式，如径流条件好的山区河流中游地区，潜水排泄以水平方式为主；径流条件不好的平原或河流下游，主要是垂直排泄。人工开采潜水也是排泄。

潜水从补给到排泄是通过径流完成的，因此，潜水的补给、径流、排泄组成了潜水运动的全过程。潜水在运动过程中，其水质、水量都不同程度地得到更新置换，这种更新置换称为水交替。水交替的强弱，取决于径流条件的强弱、补给量的多少。水交替随深度增加而减缓。

(4)潜水等水位线图。潜水面反映了潜水与地形、岩性和气象水文等之间的关系，同时能表现出潜水的埋藏、运动和变化的基本特点。因此，为能清晰地表示潜水面的形态，通常采用潜水等水位图表示。

潜水等水位线图是以地形图为底图，根据工程要求的精度，在测绘区布置一定数量的钻孔、试坑，或利用泉和井，测出每个水位点的潜水位高程，然后将这些点以相应的位置投影在地形图上，再把同高程的水文点用光滑曲(虚)线连接起来，就绘成了潜水等水位线图，如图6-1所示。

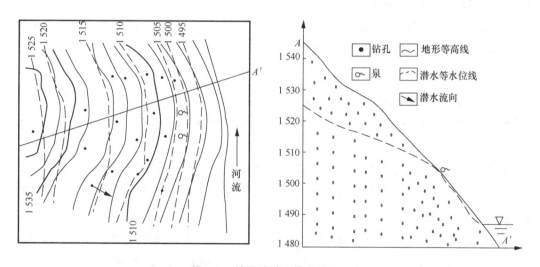

图6-1 某滑坡潜水等水位线图

根据等水位线图可以了解以下情况：

(1)确定潜水的流向及水力坡度垂直于等水位线，自高等位线指向低等水位线的方向，即为流向。图6-1中箭头方向即为潜水流向。在流动方向上，取任意两点的水位高差，除以两点间在平面上的实际距离，即为该两点间的平均水力坡度。

(2)确定潜水与河水的相互关系。潜水与河水一般有如下三种关系：①河岸两侧的等水位线与河流斜交，锐角都指向河流的下游，表明潜水补给河水[图6-2(a)]，这种情况多见于河流的中、上游山区；②等水位线与河流所交的锐角在两岸都指向河流下游，表明河水补给两岸的潜水[图6-2(b)]，这种情况多见于河流的下游；③等水位线与河流斜交，表明一岸潜水补给河水，另一岸则相反[图6-2(c)]。一般在山前地区的河流有这种情况。

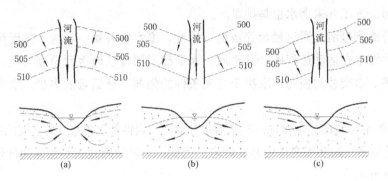

图6-2 潜水与河水补给关系图

(a)潜水补给河水；(b)河水补给潜水；(c)两者互为补给

(3)确定潜水面的埋藏深度。潜水面的埋藏深度等于该点的地形高程减潜水位。根据各点的埋藏深度值，可绘出潜水等埋深线。

(4)确定含水层厚度。当等水位线图上有隔水层顶板等高线时，同一测点的潜水水位与隔水层顶板的高程之差即为含水层厚度。

3. 承压水

充满于两个隔水层之间含水层中具有水头压力的水，称为承压水。承压水含水层上部的隔水层称作隔水顶板。下部的隔水层叫作隔水底板。顶底板之间的距离为含水层厚度。

基岩地区承压水的埋藏类型，主要取决于地质构造，即在适宜的地质构造条件下，孔隙水、裂隙水和岩溶水均可形成承压水。最适宜于形成承压水的地质构造，有向斜(或盆地)构造和单斜构造两类。

(1)向斜储水构造又称为承压盆地。其规模差异很大，四川盆地是典型的承压盆地，小型的一般只有几平方千米，它由明显的补给区、承压区和排泄区组成(图6-3)。

(2)单斜储水构造又称为承压斜地，它的形成可以是含水层岩性发生相变或尖灭，也可是含水层被断层所切(图6-4)。

(3)承压水的补给、径流和排泄。承压水的补给方式一般有：当承压水补给区直接露出于地表时，大气降水是主要的补给来源；当补给区位于河床或湖沼地带，地表水可以补给承压水；当补给区位于潜水含水层之下，潜水便直接排泄到承压含水层中。此外，在适宜的地形和地质构造条件下，承压水之间还可以互相补给。

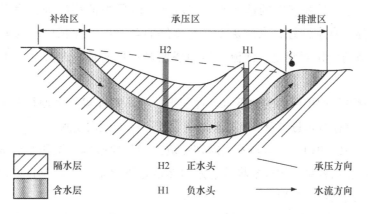

| 隔水层 | H2 | 正水头 | | 承压方向 |
| 含水层 | H1 | 负水头 | → | 水流方向 |

图 6-3　自流盆地构造图

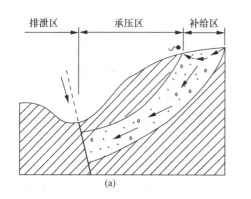
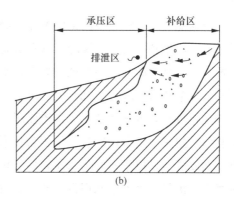

图 6-4　承压斜地

(a)断层斜地；(b)含水层尖灭构造斜地

承压水的排泄存在如下形式：承压含水层排泄区裸露于地表时，以泉的形式排泄并可能补给地表水；承压水位高于潜水位时，排泄于潜水成为潜水补给源。也可以在地形或负地形条件下，形成向上或向下的排泄。

承压水的径流条件决定于地形、含水层透水性、地质构造及补给区与排泄区的承压水位差。承压含水层的富水性则同承压含水层的分布范围、深度、厚度、空隙率、补给来源等因素密切相关。一般情况下，分布广、埋藏浅，厚度大，空隙率高，水量就较丰富且稳定。

承压水径流条件的好坏，水交替强弱，决定了水质的优劣及其开发利用的价值。

4. 孔隙水

孔隙水主要储存于松散沉积物的孔隙中，由于颗粒间孔隙分布均匀密集、相互连通，因此，其基本特征是分布均匀连续，多呈层状，具有统一水力联系的含水层。

(1)冲积层中的地下水。冲积物(层)是经常性流水形成的沉积物，它分选性好、层理清晰。在河流上、中、下游或河漫滩、阶地的岩性结构、厚度各不相同，就决定了其中孔隙水的特征和差异。

①河流中、上游冲积层中的地下水。河流上游峡谷内冲积砂砾、卵石层分布范围狭窄，但透水性强、富水性好、水质优良，是良好的含水层。冲积层中的地下水水位和水量随河水与季节的变化而变化。河流中游河谷两侧的低阶地，尤其是一级阶地与河漫滩是富水区。

②河流下游平原冲积层中的地下水。冲积平原上，常埋藏有由颗粒较粗的冲积砂组成的古河道，其中储存有水量丰富、水质良好且易于开采的浅层淡水。

河流下游平原的冲积层，常与不同时期和成因的其他砂砾石沉积组合成统一的、巨厚的砂砾——砂质含水岩系，构成规模大、水量多的地下水盆地，且具良好的水质，常成为不可多得的灌溉或供水水源地。

(2)洪积层中的地下水。其广泛分布于山间盆地和山前的平原地带，常呈扇状地形，故又称洪积扇。

根据地下水埋深、径流条件及化学特征，可将洪积扇中的地下水大致分为三带，即深埋带、溢出带和下沉带。深埋带又称径流带，在顶部靠近山区，地形坡度较陡。粗砂砾石层堆积，有良好的渗透性和径流条件，矿化度低，小于 1 g/L，为重碳酸盐性水，故又称地下水盐分溶滤带，埋深十几至几十米以上。溢出带，地形变缓，细砂、粉质砂土、粉质黏土等交错沉积，渗透性变弱，径流受阻，形成壅水，出露成泉，矿化度增高，为重碳酸-硫酸盐型，故又称盐分过路带。下沉带由黏土和粉砂夹层组成，岩层渗透性极弱、径流很缓慢，蒸发强烈，以垂直交替为主，由于河流排泄作用，地下水埋深比溢出带稍有加强，又称潜水下沉带。因地下水埋深仍很浅，在干旱、半干旱条件下，蒸发强烈进行，水的矿化度急剧增加（大于 3 g/L），为硫酸-氯化物或氯化物型水，地表形成盐渍化，又称盐分堆积带。

上述洪积层中的地下水分带规律，在我国北方具有典型性。而南方多雨，缺少水质的明显分带性，多为低矿化度的重碳酸盐性水。

5. 裂隙水

裂隙水是指储存于基岩裂隙中的地下水。岩石中的裂隙的发育程度和力学性质影响着地下水的分布和富集。在裂隙发育地区，含水丰富；反之，含水甚少。所以在同一构造单元或同一地段内，富水性有很大变化，因而形成了裂隙水分布的不均一性。上述特征的存在，常使相距很近的钻孔，水量一方较另一方大数十倍，如福建省漳州市，两钻孔仅相距 20 m，一方水量较另一方大 65 倍。

(1)裂隙水的划分。裂隙水按其埋藏分布特征，可划分为面状裂隙水、层状裂隙水和脉状裂隙水。面状裂隙水又称风化裂隙水，储存于山区或丘陵区的基岩风化带中，一般在浅部发育。层状裂隙水系储存于成层的脆性岩层（如砂岩、硅质岩及玄武岩等）中。原生裂隙和构造裂隙构成的层状裂隙中的水，一般是承压水（玄武岩台地中的层状裂隙水是潜水）。脉状裂隙水也称构造裂隙水，它储存于断裂破碎带和火成岩体的侵入接触带中。岩脉的节理之中，脉状裂隙水具承压水的特点，含水一般均匀。

（2）裂隙水富集特点。裂隙水的富集受诸多地质因素的影响，具体如下：①不同岩性的富水性不同。岩石（软、硬等）性质不同，影响着裂隙的发育程度，导致地下径流强弱差别和分布的贫富不均。②不同力学性质的结构面富水性不同，一般情况下，张性结构面富水性强，压性结构面富水性弱，扭性结构面居中。③不同构造部位的富水性不同。通常在背斜或向斜轴部、岩层挠曲部位、穹窿顶部等处的裂隙较其他部位的发育更具张性，往往是富水地段。此外，断裂多次活动部位，由于多次作用的叠加，岩石破碎，裂隙发育，有利裂隙水的富集和储存。断裂构造新近活动的地方，也易于地下水富集。④不同地貌部位的富水性不同。地形地貌控制地下水的补给和汇水条件。洼地、盆地、沟谷低地汇水条件好，往往为富水的有利地带。

6. 岩溶水

储存和运动于可溶性岩层空隙中的地下水称为岩溶水。按其埋藏条件，可以是潜水，也可以是承压水。

岩溶水在空间的分布变化很大，甚至比裂隙水更不均匀。有的地方，水汇集于溶洞孔道中，形成富水区（岩溶水常常富集在质纯厚层的可溶岩分布地带、断层带或节理密集带、褶曲轴部和岩层急转弯处、可溶岩与非可溶岩的接触部位）；而在另一地方，水可沿溶洞孔隙流走，造成一定范围内严重缺水。

岩溶水运动特征和径流条件极为复杂：孤立水流与具有统一地下水面的水流并存；无压流与有压流并存；层流与紊流并存；明流与伏流交替出现。径流条件一般是良好的，但随着深度增加而减弱，在垂直方向显示出明显分带性。

大气降水是岩溶水的主要补给源，它通过各种岩溶通道，迅速补给地下水。因此岩溶水的动态与大气降水的关系十分密切。其主要特点如下：①水位、流量变化异常迅猛，水位变幅可达 80 m，流量变化更大。如广西合山某泉，最大流量为 4.3 m^3/s，最小仅为 0.1 m^3/s，前者是后者的 40 多倍。②有些岩溶水对大气降水反应极为灵敏，雨后一昼夜甚至几小时，就出现流量高峰。如四川红岩某泉，一般流量为 0.14 m^3/s，暴雨 6～12 h 后，流量达 1.04 m^3/s。

但也有些泉流量恒定，如山西广胜寺泉，恒定在 4～5m^3/s 之间。这是由于其补给区远、补给面积大、含水层容积大等因素对大气降水调节的结果。

岩溶水排泄的最大特征是集中和量大。

6.3　地下水对土木工程的影响

6.3.1　地基沉降

在松散沉积层中进行深基础施工时，往往需要人工降低地下水水位。若降水不当，会使周围地基地层产生固结沉降，轻者造成邻近建筑物或地下管线的不均匀沉降；重者使建筑物基础上的土体颗粒流失，甚至掏空，导致建筑物开裂甚至危及安全。

如果抽水井滤网和砂滤层的设计不合理或施工质量差，则抽水时会将软土层中的黏粒、粉粒，甚至细砂等细小土颗粒随同地下水一起带出地面，使周围地面地层很快产生不均匀沉降，造成地面建筑物和地下管线不同程度的损坏。另一方面，井管开始抽水时，井内水位下降，井水漏斗。在这一降水漏斗范围内的软土层会发生渗透固结而造成地基地沉降。而且由于土层的不均匀性和边界条件的复杂性，降水漏斗往往是不对称的，因而使周围建筑物或地下管线产生不均匀沉降，甚至开裂。

6.3.2　流砂

流砂是地下水自下而上渗流时土产生流动的现象，它与地下水的动水压力有密切关系。当地下水的动水压力大于土粒的浮容重或地下水的水力坡度大于临界水力坡度时，就会产生流砂。这种情况常是由于在地下水水位以下开挖基坑、埋设地下管道、打井等工程活动而引起的，所以流砂是一种工程地质现象，易产生在细砂、粉砂、粉质黏土等土中。流砂在工程施工中能造成大量的土体流动，会使地表塌陷或建筑物的地基破坏，能给施工带来很大困难，或直接影响建筑工程及附近建筑物的稳定，因此必须进行防治。

在可能产生流砂的地区，若其上面有一定厚度的地层，应尽量利用上面的地层作为天然地基，也可用桩基穿过流砂，总之尽可能避免开挖。如果必须开挖，可用以下方法处理流砂：①人工降低地下水水位。使地下水水位降至可能产生流砂的地层以下，然后开挖。②打板桩。在土中打入板桩，不仅可以加固坑壁，同时还增长了地下水的渗流路程以减小水力坡度。③冻结法。用冷冻方法使地下水结冰，然后开挖。④水下挖掘。在基坑（或沉井）中用机械在水下挖掘，避免因排水而造成产生流砂的水头差，为了增加砂的稳定，也可向基坑中注水并同时进行挖掘。此外，处理流砂的方法还有化学加固法、爆炸法及加重法等。在基槽开挖的过程中局部地段出现流砂时，立即抛入大块石等，可以克服流砂的活动。

6.3.3　潜蚀对建筑工程的影响

潜蚀作用可分为机械潜蚀和化学潜蚀两种。机械潜蚀是指土粒在地下水的动水压力作用下受到冲刷，将细粒冲走，使土的结构破坏，形成洞穴的作用；化学潜蚀是指地下水溶解土中的易溶盐分，使土粒间的结合力和土的结构破坏，土粒被水带走，形成洞穴的作用。这两种作用一般是同时进行的。在地基土层内如具有地下水的潜蚀作用时，将会破坏地基土的强度，形成空洞，产生地表塌陷，影响建筑工程的稳定性。在我国的黄土层及岩溶地区的土层中，常有潜蚀现象发生，修建建筑物时应予注意。

对潜蚀的处理可以采用堵截地表水流入土层、阻止地下水在土层中流动、设置反滤层、改造土的性质、减小地下水流速及水力坡度等措施。这些措施应根据当地的具体地质条件分别或综合采用。

6.3.4 地下水的浮托作用

当建筑物基础底面位于地下水水位以下时，地下水对基础底面产生静水压力，即产生浮托力。如果基础位于粉性土、砂性土、碎石土和节理裂隙发育的岩石地基上，则按地下水水位的100%计算浮托力；如果基础位于节理裂隙不发育的岩石地基上，则按地下水水位的50%计算浮托力；如果基础位于黏性土地基上，其浮托力较难确定，应结合地区的实际经验考虑。

📖 小 结

本任务主要介绍了地下水的一般知识、类型及特征，重点是潜水的特征。同时，也分析了地下水对土木工程的危害，并提出防治措施。

📖 复习思考题

1. 何为地下水？地下水如何分类？
2. 地下水的存在形式有哪些？
3. 潜水、承压水分别有什么样的特征？
4. 潜水面的形状与哪些因素有关？试论述之。
5. 怎样表示潜水面的形状？如何绘制等水位线图？它有哪些用途？
6. 潜水、承压水的补给、径流、排泄分别有何特点？
7. 什么样的地质构造条件适宜储存承压水？
8. 简述裂隙水的分布特征。
9. 什么是流砂？

项目2 常见的地质灾害与 公路工程地质勘测

任务7 常见的地质灾害

⊙**知识目标**

1. 了解崩塌的概念、成因及防治办法。
2. 掌握滑坡产生的条件、分类、成因及治理措施。
3. 了解泥石流的形成条件及发育特点。
4. 掌握岩溶作用的基本条件及岩溶的发育规律。
5. 掌握地震震级与烈度的区别。

⊙**技能目标**

1. 能够识别滑坡并有针对性地采取治理措施。
2. 能够了解地震、岩溶等知识，并在实际工程中采取有效的预防措施。

7.1 崩 塌

7.1.1 崩塌的概念

崩塌也叫崩落、垮塌或塌方，其是较陡坡上的岩体在重力作用下突然脱离母岩而向下崩落、滚动、堆积在坡脚(或沟谷)的地质现象。

崩塌多发生在大于 $60°\sim70°$ 的斜坡上。崩塌的物质称为崩塌体(图 7-1)。崩塌体为土质的，称为土崩；崩塌体为岩质的，称为岩崩；规模巨大的岩崩，称为山崩。崩塌可以发生在任何地带，山崩限于高山峡谷区内。崩塌具有多发性的特点，即发生过崩塌的地方，仍可能再次发生崩塌。

图 7-1　崩塌示意图

对于可能发生崩塌的崩塌体，主要根据坡体的地形、地貌和地质结构的特征进行识别。尤其当上部拉张裂隙不断扩展、加宽，速度突增，小型坠落不断发生时，预示着崩塌很快就会发生，处于一触即发的状态。如位于长江兵书宝剑峡出口右岸的链子崖危岩体，即是有名的还在崩塌的崩塌体。组成坡体的灰岩形成高达 100 多米的陡壁，陡崖被众多的宽大裂缝深深切割，致使临江绝壁大有摇摇欲坠之势，对长江航运构成了很大的威胁。据史书记载，在历史上几千年来，该处曾多次发生崩塌堵江断航事件，这说明崩塌作用具有多发性的特点，在预测崩塌的可能性时，应考虑这个特点。

7.1.2　崩塌的形成条件

1. 岩土岩性条件

岩土是产生崩塌的物质条件。不同类型的岩土所形成崩塌的规模大小不同，通常岩性坚硬性脆的各类岩石（如石灰岩、白云岩、石英砂岩、砂砾岩、花岗岩等）会形成规模较大的岩崩。此外页岩、泥灰岩等互层岩石及松散土层等，往往会产生坠落和剥落等形式的崩塌。

2. 地质构造条件

各种构造面，如节理、裂隙、层面、断层等，对坡体的切割、分离，为崩塌的形成提供脱离体（山体）的边界条件。坡体中的裂隙越发育，越易产生崩塌，与坡体延伸方向近乎平行的陡倾角构造面，最有利于崩塌的形成。

3. 地形地貌条件

坡度大于 45° 的高陡边坡，上缓下陡的凸坡或凹形陡坡均为崩塌形成的有利地形。

岩土岩性、地质构造、地形地貌三个条件，又通称为地质条件，它是形成崩塌的基本条件。

4. 其他因素

地震、融雪、降雨、地表河流冲刷等因素也能诱发崩塌。不合理的人类活动，如开挖坡脚，地下采空、水库蓄水、泄水等改变坡体原始平衡状态的人类活动，都会诱发崩塌活动。还有如冻胀、昼夜温度变化等也会诱发崩塌。

7.1.3　崩塌的危害

崩塌会使建筑物甚至使整个居民点遭到毁坏，使公路和铁路被掩埋。由崩塌带来的损失，不单是建筑物毁坏的直接损失，并且常因此而使交通中断，给运输带来重大损失。崩塌有时还会使河流堵塞形成堰塞湖，这样就会将上游的建筑物及农田淹没，在宽河谷中，由于崩塌能使河流改道及改变河流性质，而造成急湍地段。

例如，从 2013 年 1 月 28 日起，镇雄县中屯乡头屯村水塘、塘边、王家湾和下院子四个村民组不断发生山体崩塌，群众财产受损严重，连续几日来，山体仍在崩塌。截至 2013 年 2 月 1 日，没有人员伤亡报告，但千余群众被迫转移到临时安置点生活。灾害共导致 35 间民房倒塌，水塘小学和 928 间民房开裂，损坏耕地 400 余亩。

7.1.4　崩塌的勘察与防治措施

崩塌勘察宜在初期勘察阶段进行，应查明崩塌的形成条件及其规模、类型、范围，对崩塌区作为建筑场地的适宜性做出评价，并提出防治方案的建议。

崩塌勘察应以工程地质测绘为主，测绘比例尺宜采用 1∶1 000～1∶500。测绘应查明如下内容：①崩塌区的岩性及地形地貌；②崩塌区的地质构造、岩体结构面的发育及其分布组合情况；③崩塌区的水文地质、气象和地震活动情况；④崩塌区的崩塌历史、崩塌类型、规模、范围及崩塌体的尺寸和崩落方向等。

根据崩塌的规模和危害程度，常用的防治措施有如下几种：

1. 绕避

对可能发生大规模崩塌的地段，即使是采用坚固的建筑物，也经受不了这样大规模崩塌的巨大破坏力，故可以采取绕避的方法。

2. 加固山坡和路堑边坡

在邻近建筑物边坡的上方，如有悬空的危岩或巨大块体的危石威胁行车等的安全，则应采用与其地形相适应的支护、支顶等支撑建筑物，或是用锚固的方法予以加固；对坡面深凹部分可进行嵌补；对危险裂缝应进行灌浆。

3. 修筑拦挡建筑物

(1)遮挡。遮挡即遮挡斜坡上部的崩塌物。这种措施常用于中小型崩塌或人工边坡崩塌的防治中，通常采用修建明硐、棚硐等工程进行，在铁路工程中较为常用。

(2)拦截。对于仅在雨后才有坠石、剥落和小型崩塌的地段，可在坡脚或半坡上设置拦截构筑物。如设置落石平台和落石槽以停积崩塌物质，修建挡石墙以拦坠石；利用废钢轨、钢钎及钢丝等编制钢轨或钢钎栅栏来拦截这些措施，也常用于铁路工程。

（3）支挡。支挡即在岩石突出或不稳定的大孤石下面修建支柱、支挡墙或用废钢轨支撑。

（4）打桩。打桩即固定边坡。

（5）护墙、护坡。在易风化剥落的边坡地段修建护墙，对缓坡进行水泥护坡等。一般边坡均可采用。

（6）清除危岩。在危石、孤石突出的山嘴以及坡体风化破碎的地段，采用刷坡、削坡技术以放缓边坡。

若山坡上部可能的崩塌物数量不大，而且母岩的破坏不甚严重，则以全部清除为宜，并在清除后对母岩进行适当的防护与加固。

（7）做好排水工程。地表水和地下水通常是崩塌落石产生的诱因，在有水活动的地段，布置排水构筑物，以进行拦截与疏导，包括排出边坡地下水和防止地表水进入。

7.2　滑　坡

斜坡上的岩体或土体在重力作用下，沿一定的滑动面（或带）发生的整体向下的滑动称为滑坡。滑坡大多发生在山区。滑坡是一种常见的地质灾害，常常会掩埋村庄、摧毁厂矿、破坏铁路和公路交通、堵塞江河、损坏农田和森林等，西南地区（云、贵、川、藏）是我国滑坡分布的主要地区。总之，我国的滑坡分布极广，滑坡灾害十分严重，应重视研究和防治工作。

7.2.1　滑坡形态要素

一个发育完全的滑坡，其形态特征和结构比较完备，这是识别和判断滑坡的重要标志（图 7-2）。

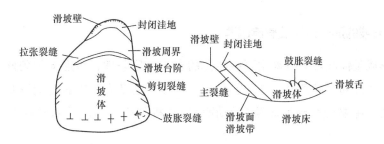

图 7-2　滑坡形态要素示意图

1. 滑坡体

斜坡沿滑动面向下滑动的岩体或土体称为滑坡体，简称滑体。滑坡体经滑动变形、相互挤压，整体性相对完整，大部分都能保持有原层位和结构构造体系。

2. 滑动面（滑动带）

滑坡体与不动体之间的界面、滑坡体沿之滑动的面，称为滑动面，简称滑面。滑动面上被揉皱的厚度数厘米至数米的被扰动带，称为滑动带，简称滑带。有些滑坡的滑动面（带）不止一个。

3. 滑坡床

滑动面以下未滑动的稳定的土体或岩体称为滑坡床，简称滑床。

4. 滑坡周界

在斜坡地表上，滑坡体与周围不动稳定体之间的分界线，称为滑坡周界。滑坡周界圈定了滑坡的范围。

5. 滑坡后壁

滑坡向下滑动后，滑体后部与未动体之间的分界面外露，形成断壁，称为滑坡后壁。其坡度较陡，一般为 $60°\sim80°$。滑坡后壁呈弧形向前延伸，形态上呈圈椅状，也称滑坡圈谷。后壁高矮不等，矮的只有几米，高的可以达到几十米、数百米。

6. 滑坡台阶

滑坡各个部分由于滑动速度和滑动距离的不同，在滑坡上部常形成一些阶梯状的错台，称为滑坡台阶。台面常向后壁倾斜。有多层滑动面的滑坡，经多次滑动，常形成几个滑坡台阶。

7. 滑坡舌

在滑坡体前部，形如舌状向前伸出的部分，称为滑坡舌。如果滑坡舌受阻而形成隆起小丘，则称为滑坡鼓丘。

8. 滑坡裂缝

滑坡的各个部分由于受力状态不同，裂缝形态也不同，按受力状态可把滑坡裂缝划分为 4 种：拉张裂缝、剪切裂缝、鼓胀裂缝和扇形张裂缝。

7.2.2 滑坡的形成条件及影响因素

滑坡的形成条件和影响因素主要有坡体的岩土性质条件、地形地貌条件、地质构造条件、水文地质条件和气候条件、地震、爆破、机械震动及人为因素等的影响。但是，滑坡的产生和发展，主要会受到滑床面（滑动面）形成机制所制约。滑动面的形成有以下两种情况：

（1）不受已有结构面的控制。均质完整的坡体，或虽有结构面但不成为滑动控制面的坡体，滑床面的形成主要受控于最大剪应力面。这些滑床面多出现在土质、半岩质（如泥岩、泥灰岩等）或强风化的岩质坡体中，均由表层蠕动发展而来，一般呈圆弧形。

（2）受已有结构面的控制，坡体中已存在的结构面强度较低，并构成一些有利于滑动的组合形式时，它将代替最大剪应力面而成为滑动面。岩质斜坡的破坏大都沿着斜坡内已有的软弱结构面而发生、发展。滑床面可以是单一而互相平行的结构面，也可以由两组或多组结构面组合而成。

7.2.3 滑坡的分类

滑坡分类的目的，是对滑坡作用的各种环境和现象特征以及产生滑坡的各种因素进行概括，以反映各类滑坡的特征和发生、发展演化的规律并有效地防治它们。迄今为止，国内外滑坡分类依据各异，方案较多。下面介绍几种常见的分类。

1. 按滑面与岩层层面关系分类

这种分类最为普遍，应用颇广。可以分为无层（均质）滑坡、顺层滑坡和切层滑坡三类。无层滑坡发生在均质、无明显层理的岩土体中；滑坡面一般呈圆弧形。其常见于黏土岩和土体中。顺层滑坡是沿岩层面发生的，当岩层倾向与斜坡倾向一致时，且其倾角比坡角小的条件下，往往顺层间软弱结构面滑动而形成滑坡；滑动面可以是平直的，也可以是弧形或折线形的。切层滑坡多发生岩层近乎水平的平叠坡条件下，滑动面切过岩层面，常呈对数螺旋曲线，四川盆地"红层"中多见此类滑坡。

2. 按滑坡始滑部位分类

这种分类对防治滑坡有很大的实际意义。一般可分为推动式滑坡、牵引式滑坡、混合式滑坡和平移式滑坡。推动式滑坡的始滑部位位于滑坡的后缘。这类滑坡的发生，主要是因为坡顶堆载重物或进行建筑等引起的坡顶部不稳所致。

牵引式滑坡的始滑部位位于滑坡的前缘。这类滑坡的发生，主要是因为坡脚受河流冲刷或人工开挖，以致坡脚部位应力集中过大所致。混合式滑坡始滑部位前、后缘均有。平移式滑坡始滑部位分布于滑动面的许多部位，同时局部滑移，然后贯通为整体滑移。

3. 按岩土类型分类

按岩土类型来划分滑坡，能够综合反映滑坡的特点。因为斜坡的物质成分不同，滑坡的形态和滑动力学特征均不相同，滑坡体结构和滑动面形状也各异。按岩土类型可将滑坡首先分为基岩滑坡和土体滑坡两大类，然后再将这两大类滑坡细分，但目前尚无确切的细分方案。结合我国的实际情况，按岩土类型把滑坡分为堆积层滑坡、黄土滑坡、黏土滑坡和基岩滑坡4类。

7.2.4 滑坡的勘察与防治

滑坡场地的勘察宜根据具体情况综合采用工程地质测绘、勘探、原位测试及室内试验等手段，查明其地形地貌、地层结构、岩性、构造、水文地质条件、地震、气象和人为因素等的影响，尤其是缓倾角的层理面、层间错动面、不整合面、断层面、节理面和片理面等结构面的分布、产状与组合情况。

对滑坡进行防治时一般应对症下药、综合治理。因为不同类型的滑坡，其成因、破坏方式、发展趋势和地质特征等都不同，所以防治措施应采取对症下药的方法。同时，引起滑坡的原因往往是多方面的,采取综合治理方法,效果更好。其次是根治,以防后患。对于直接威胁工程安全的滑坡,应该尽量争取一次根治,避免反复施工处理,遗留后患或前功尽弃。

常用的滑坡防治方法有以下几种:

(1)排截水工程。据统计,国内外有90%的滑坡与水有关,可见水对滑坡的影响是非常大的。水对滑坡的影响主要表现在水对滑坡体坡脚的冲刷、滑坡体内渗透水压力增大、水对滑面(带)土的软化和溶蚀等。常用的截排水工程有外围截水沟、内部排水沟、排水盲沟、排水钻孔、排水廊道、灌浆阻水等。

(2)卸荷减载工程。这是一种简便易行的方法,滑坡减重能减小滑体下滑力,增加滑坡体稳定性。

(3)坡面防护工程。这种方法的主要目的是防止水对坡面和坡脚的冲刷。此法又分为砌石和喷射混凝土、挡水墙和丁字坝等治理方法。

(4)支挡工程。支挡工程是治理滑坡经常采用的有效措施之一。主要包括:抗滑挡墙、抗滑桩和锚固(锚杆和锚索)等治理方法。

7.3 泥石流

泥石流是发生在山区的一种携带有大量泥砂、石块的暂时性急水流(图7-3)。其固体物质的含量有时超过水量,是介于挟砂水流和滑坡之间的土石、水、气混合流或颗粒剪切流。它往往突然暴发,来势凶猛,运动快速,历时短暂,严重地影响着山区场地的安全。尤其是近几十年,由于生态平衡破坏的不断加剧,世界上许多多山国家的建筑场地或居民区周围灾害性泥石流频频发生,并造成惨重损失。因此,它是严重威胁山区居民安全和工程建设的重要工程地质和岩土工程问题。泥石流现象经常发生在诸如干涸的山谷、峡谷、冲沟或河流这样一些陆域表面。有时也出现在江、湖、海底形成所谓的浊流运动。地质历史时期形成的浊积岩及其古地貌则是海湖底部泥石流留下的痕迹,具有重要的地层、地史学研究意义。灾害性泥石流,因其发生极其迅速,同时又是土石和水的松散混合体,有着巨大的破坏力。国内外不断有泥石流灾害的报道。

泥石流不但危害巨大,而且分布范围也极广。就全球范围来说,欧洲主要的泥石流危险区是阿尔卑斯山区、比利牛斯山脉、亚平宁山脉、喀尔巴阡山脉和高加索山脉;美洲主要是太平洋沿岸的安第斯山脉和科迪勒拉山系;亚洲主要是喜马拉雅山区、天山山脉、川滇山区、日本山地和安纳托里亚的西部山地。在我国主要分布于温带和半干旱山区以及有冰川积雪分布的高山地区,如西南、西北、华北山区和青藏高原边缘山区。

目前,泥石流研究作为一门新兴学科还不成熟,对泥石流这一复杂现象发生、发展,物质组成,运动过程和堆积规律的研究,目前正形成一门归属地学范畴、理论性和应用性

图 7-3　典型泥石流示意图

均较强的边缘学科。

综上所述，可以看出泥石流是山区一类重要的环境和场地地质灾害，掌握泥石流的基本理论并有效地治理泥石流，已成为山区工程建设的一项重要任务。

7.3.1　泥石流的形成条件

1. 地形条件

泥石流大多发生在陡峻的山岳地区，并有面积较大的汇水区。一般情况下，泥石流多沿纵坡降较大的狭窄沟谷活动。每一处泥石流自成一个流域，典型的泥石流域可划出形成区、流通区和堆积区 3 个区段。它包括分水岭脊线和泥石流活动范围内的面积，即清水汇流面积与堆积扇面积之和。

2. 地质条件

流域的地质条件决定了松散固体物质的来源、组成、结构、补给方式和速度等。泥石流强烈发育的山区，多是地质构造复杂、岩石风化破碎、新构造运动活跃、地震频发、崩滑灾害多发的地段。这样的地段，既为泥石流准备了丰富的固体物质来源，又因地形高耸陡峻，高差对比大，为泥石流活动提供了强大的动能优势。就区域分布看，泥石流暴发区多位于新构造且运动强烈的地震带或其附近。

形成区内地层岩性分布与泥石流物质组成和流态密切相关。在形成区内有大量易于被水流侵蚀冲刷的疏松土石堆积物，其是泥石流形成的最重要条件。

泥石流形成区最常见的岩层是泥岩、片岩、千枚岩、板岩、泥灰岩、凝灰岩等软弱岩层。

风化作用也能为泥石流提供固体物质来源。尤其是在干旱、半干旱气候带的山区，植被不发育，岩石物理风化作用强烈，在山坡和沟谷中堆聚起大量的松散碎屑物质，便成为泥石流的补给源。

3. 水文气象条件

泥石流的形成必须有强烈的地表径流，它是暴发泥石流的动力条件，其通常来源于暴雨、高山冰雪强烈融化和水体溃决。由此可将它划分为暴雨型、冰雪融化型和水体溃决型等。暴雨型泥石流是我国最主要的泥石流类型。

一般来说，暴雨泥石流的发生与前期降水密切相关。只有当前期降水积累到一定量值时，短历时暴雨的激发作用才显著。前期降水越大，土体中含水量越多，激发泥石流发生所需的短历时降雨强度就越小。总之，水体来源是激发泥石流的决定性因素。

4. 人类活动的影响

人类工程、经济活动对泥石流影响的消极因素颇多，如毁林、开荒与陡坡耕种、放牧、水库溃决、渠水渗漏、工程和矿山弃渣不当等。这些有悖于环境保护的工程活动，往往导致大范围的生态失衡、水土流失，并产生大面积山体崩滑现象，为泥石流发生提供了充足固体物质来源。泥石流的发生、发展又反过来加剧环境恶化，从而形成一个负反馈增长的生态环境演化机制。为此必须采取固土、控水、稳流措施，抑制因人类不合理工程活动所诱发的泥石流灾害，保护建筑场地的稳定。

7.3.2 泥石流的分类及其特点

泥石流可按其物质成分、流体性质、流域和形态特征分类。

1. 按泥石流的固体物质组成分类

(1)泥流：泥流所含的固体物质以黏土、粉土为主(占80%～90%)，仅有少量岩屑碎石。泥流的黏度大，呈不同稠度的泥浆状。在我国，其主要分布于甘肃天水、兰州及青海的西宁等黄土高原山区和黄河的各大支流，如渭河、湟水、洛河、泾河等地区。

(2)泥石流：泥石流的固体物质由黏土、粉土、块石、碎石、砂砾所组成，其是一种比较典型的泥石流类型。全世界的山区，尤其是基岩裸露剥蚀强烈的山区产生的泥石流，多属此类。例如，我国泥石流的高发地区：西藏波密、四川西昌、云南东川、贵州遵义等地区的泥石流。

(3)水石流：固体物质主要是一些坚硬的石块、漂砾、岩屑和砂粒等，黏土和粉土含量很少(<10%)。水石流主要分布于石灰岩、石英岩、大理岩、白云岩、玄武岩及坚硬砂岩地区。如陕西华山、山西太行山、北京西山、辽宁东部山区的泥石流多属此类。

2. 按泥石流的流体性质分类

(1)黏性泥石流：黏性泥石流是固体物质和水混合组成黏稠的整体，又称结构型泥石流。

(2)稀性泥石流：稀性泥石流是也叫紊流型泥石流，由稀性浆体与砂砾石块组成。

7.3.3　泥石流的勘察与防治

泥石流的勘察宜采用实地工程地质测绘与调查访问，并辅之以必要的勘探手段。勘察内容主要是场地所在流域汇水范围内的岩性及其风化情况、新构造运动和地震情况、崩塌滑坡等不良地质现象以及水文气象条件和历史上泥石流的发生情况等。

泥石流场地的工程防治必须充分考虑泥石流形成条件、类型及运动特点。泥石流三个地形区段的特征决定了其防治原则应当是：上、中、下游全面规划，各区段分别有所侧重，生态措施与工程措施并重。需要注意的是，对稀性泥石流应以导流为主，而对黏性泥石流则应以拦截为主。

1. 生态措施

生态措施主要包括保护与培育森林、灌丛和草本植物，以及高技术含量的农牧业技术和科学合理的山区土地资源开发管理措施。泥石流生物防治的主要目的是维持优化的生态平衡，减少水土流失，削减地表径流和松散固体物质补给量，以便获得生物资源的同时可以控制泥石流的发生。对于水土流失严重、造林措施一时难以见效的场地或地段，必须先辅以必要的工程措施，再进行生物防治。营造森林是最有效的生态平衡调节措施之一，它包括水源涵养林、水土保持林、护床防冲林和护堤固滩林4类。

2. 工程措施

(1)排导工程。排导工程采用排导沟、急流槽、导流堤等措施使泥石流顺利排走，以防止其掩埋道路和其他工程建筑或堵塞桥涵。设计排导沟时应考虑泥石流的类型和特征，排导沟应尽可能按直线布设，其纵坡宜一坡到底，出口处最好能与地面有一定的高差，并有足够的堆淤场地。

(2)滞流与拦截工程。滞流措施是在泥石流沟中修筑一系列低矮的拦挡坝，以达到以下目的：拦蓄部分泥砂石块，减弱泥石流的规模；固定泥石流沟床，防止沟床下切和谷坡坍塌；减缓沟床纵坡，降低流速。拦截措施是修建拦泥坝或停淤场，将泥石流中的固体物质拦截在沟道内或停积在冲积扇的适当部位。其不仅起到拦截固体物质的作用，还使山坡稳定，减轻坡体滑动及沟壁崩塌。

(3)修建防护工程。在泥石流沟的上游修建蓄水池、小型水库等防护工程，以减少流域中的汇集水流和洪峰流量。

7.4　岩　　溶

岩溶，原称喀斯特，是伊斯特拉半岛一石灰岩高原的地名，那里岩溶发育，以此代表"水对可溶岩进行的一种特殊地质作用、过程及其结果"的专用词。岩溶作用是指地表水和地下水对地表及地下可溶性岩石(碳酸盐岩类、石膏及卤素岩类等)所进行的以化学溶解作用为主，机械侵蚀作用为辅的溶蚀作用、侵蚀-溶蚀作用以及与之相伴相生的堆积作用的总称。在岩溶作用下所产生的地形和沉积物，称岩溶地貌和岩溶堆积物。在岩溶作用地区所产生的特殊地质、地貌和水文特征，统称为岩溶现象。因此，岩溶即岩溶作用及其所产生的一切岩溶现象的总称。

岩溶区地表径流少，缺水问题严重，但地下水源极为丰富，一旦开发可以发电，但经常降雨又常造成内涝。岩溶区地下孔洞发育，可以作为冷藏仓库、地下厂房之用。岩洞中又常储藏矿产和保存有科学研究价值的早期人类化石及哺乳类动物化石，但在修建水库、开凿隧道、采矿及兴建大型工程建筑时，必须解决岩溶区的渗漏、塌陷、涌水等问题。

7.4.1　岩溶的主要形态

岩溶形态可分为地表岩溶形态和地下岩溶形态。地表岩溶形态有溶沟(槽)、石笋、漏斗、溶蚀洼地、坡立谷、溶蚀平原等。地下岩溶形态有落水洞(井)、溶洞、暗河、天生桥等(图7-4)。

图7-4　岩溶岩层剖面示意图

1. 溶沟(槽)

溶沟(槽)是微小的地形形态，它是生成于地表岩石表面，由于地表水溶蚀与冲刷而形成的沟槽系统地形。溶沟(槽)将地表刻切成参差状，起伏不平，这种地貌称溶沟原野，这时的溶沟(槽)间距一般为2～3 m。当沟槽继续发展，以致各沟槽互相沟通，在地表上残留下一些石笋状的岩柱，这种岩柱称为石芽。石芽一般高 $1 \sim 2$ m，多沿节理有规则地排列。

2. 漏斗

漏斗是由于地表水的溶蚀和冲刷并伴随塌陷作用而在地表形成的漏斗状形态。漏斗的大小不一，近地表处的直径可大到上百米，漏斗深度一般为数米。漏斗常成群地沿一定方向分布，常沿构造破碎带的方向排列。漏斗底部常有裂隙通道，其通常为落水洞的生成处，使地表水能直接引入深部的岩溶化岩体中。

3. 溶蚀洼地

溶蚀洼地是由许多漏斗不断扩大而汇合形成的凹地，平面上成圆形或椭圆形，直径由数米到数百米。

4. 坡立谷和溶蚀平原

坡立谷是一种大型的封闭洼地，也称溶蚀盆地。面积由几平方千米到数百平方千米，坡立谷进一步发展而形成溶蚀平原。

5. 落水洞

落水洞是地表通向地下深处的通道，其下部多与溶洞或暗河相通。它是岩层裂隙受流水溶蚀、冲刷扩大或坍塌而成的。

6. 溶洞

溶洞是由地下水长期溶蚀、冲刷和塌陷作用而形成的近于水平方向发育的岩溶形态。溶洞早期是岩溶水的通道。因而其延伸和形态多变，溶洞内常见地质灾害有支洞、有钟乳石、石笋和石柱等岩溶产物。这些岩溶沉积物是由于洞内的滴水为重碳酸钙水，因环境改变释放 CO_2，同时生成的碳酸钙沉淀而成。

7. 暗河

暗河是地下岩溶水汇集和排泄的主要通道。部分暗河常与地面的沟槽、漏斗和落水洞相通，暗河的水源经常通过地面的岩溶沟槽和漏斗经落水洞流入暗河内。因此，可以根据这些地表岩溶的形态和分布位置，粗略地判断暗河的发展和延伸。

8. 天生桥

天生桥是溶洞或暗河洞道塌陷直达地表而局部洞道顶板不发生塌陷，形成的一个横跨水流的石桥。天生桥常为地表跨过槽谷或河流的通道。

9. 土洞

在坡立谷和溶蚀平原内，可溶性岩层常被第四系上层所覆盖。由于地下水的作用，土体中可溶成分被溶滤，细小颗粒被带走，使土体被掏空成洞穴而形成土洞。当土洞发展到一定程度时，上部土层发生塌陷，危害地表建筑物的安全。

7.4.2　岩溶的发育条件

岩石的可溶性与透水性、水的溶蚀性和流动性是岩溶发生和发展的 4 个基本条件。此外，岩溶的发育与地质构造、新构造运动、水文地质条件以及地形、气候、植被等因素有关。

（1）岩石的可溶性取决于岩石的岩性和结构。石灰岩、白云岩、石膏、岩盐等为可溶性岩石。由于它们的成分和结构不同，其溶解性能也不相同。石灰岩、白云岩是碳酸盐岩石，溶解度小，溶蚀速度慢。而石膏的溶蚀速度较快，岩盐的溶蚀速度最快。石灰岩和白云岩的分布广泛，经过长期溶蚀，岩溶现象十分显著。纯质的厚层石灰岩要比含有泥质、炭质、硅质等杂质的薄层石灰岩溶蚀速度快，形成的岩溶规模也大。一般而言，原生盐类岩石的孔隙度比成岩及变质的碳酸盐类岩石孔隙度大，且更易溶解。

（2）岩石的透水性主要取决于岩层中孔隙和裂隙的发育程度。岩石的裂隙度比孔隙度意义更大，岩层中断裂系统的发育程度和空间分布情况，对岩溶的发育程度和分布规律起着控制作用。

（3）水的溶蚀性主要取决于水中 CO_2 的含量，水中含侵蚀性的 CO_2 越多，水的溶蚀能力就越强，则会大大增强对石灰岩的溶解速度，故在湿热的气候条件下有利于溶蚀作用的进行。

（4）水的流动性取决于石灰岩层中水的循环条件，它与地下水的补给、渗流及排泄直接相关。岩层中裂隙的形态、规模、密集度以及连通情况决定了地下水的渗流条件，它控制着地下水流的流速、流量、流向等水文地质因素。此外，地形坡度、覆盖层的性质和厚度对水的渗流有一定的影响。地形平缓，地表径流差，渗入地下的水量就多，则岩溶易于发育；覆盖为不透水的黏土或粉质黏土，且厚度又大时，岩溶发育程度减弱。地下水的主要补给是大气降水。降雨量大的地区，水源补给充沛，岩溶就易于发育。岩溶水随深度的不同有着不同的运动特征，从而形成不同的岩溶形态。

7.4.3　岩溶的勘察及其防治

岩溶的勘察宜综合采用工程地质测绘、物探、钻探及原位测试等手段。勘察的主要内容包括：地层岩性及其接触关系、地质构造、地形地貌、地下水的埋藏、成分和补、径、排的情况。

在岩溶地区进行工程建设，经常遇到的工程地质问题主要是地基塌陷、不均匀沉降及基坑突水等。工程建设中常用的处理措施有以下几种：

1. 建筑布局措施

场地上主要建筑物的位置应尽量避开岩溶发育的强烈地段，尽可能选择在非（弱）可溶岩分布地段；在总平面布局上，各类安全等级建筑物的布置应与岩溶发育程度或场地稳定程度相适应。场地地坪设计标高应尽量与某一水平溶洞或洞隙带保持有一定的距离，或在场地整平中尽量能够将不利的岩溶洞隙带予以挖除。对已查明的洞穴系统或巨大的溶洞或暗河分布区，当地面稳定性较差时，宜绕避群体建筑物的布置。

2. 建筑结构措施

基础结构形式应当利于与上部结构协同工作，要求其具有适应小范围塌落变位的能力，并以整体结构为主，如配筋的十字交叉条基、筏基、箱基等。当基础下存在深大溶洞裂隙时，应当根据上部建筑荷载及洞隙跨度，选择洞隙两侧的可靠岩体，采用有足够支撑的梁、板、拱或悬挑等跨越结构。

必须注意，随着人类工程建设越来越广泛，对建设场地的选择性将会越来越弱，因此结构方面的措施将会越来越多地被采取。

3. 岩溶地基处理措施

当条件允许，且在保证工程建筑安全基础上，为节约工程造价，应尽量采用浅基。对于可能产生不均匀沉降的岩溶地基，如石芽密布、不宽的溶槽中有红黏土地基，应当首先清除洞隙后再以碎石或混凝土回填。必要时可将石芽炸掉填平。当起伏不平的基岩面之上有厚度较大的软弱土层而又不易清除时，可考虑采用钢筋混凝土灌注桩基础。当溶洞深、跨度大、顶板薄时，可在洞底设置支撑，加固洞顶。

7.5 地 震

在地质作用影响下，地球内部缓慢积累的能量突然释放引起的地球表层的震动叫作地震。由于地球不断运动和变化以及地球板块之间的相互作用，不同部位受到挤压、拉伸、旋扭等力的作用，逐渐积累了能量，一旦从地壳的脆弱地带以地震波的形式释放时就引发了地震。地震是一种破坏力很大的自然灾害，除地震直接引起的山崩、地裂、房倒屋塌、砂土液化、喷砂冒水之外，还会引起火灾、爆炸、毒气蔓延、水灾、滑坡、泥石流、瘟疫等次生灾害。由于地震所造成的社会秩序混乱、生产停滞、家庭破坏、生活困苦和人民心理的损害，往往会造成比地震直接损失更大的灾难。以唐山地震为例，1976 年 7 月 28 日，河北唐山发生 7.8 级地震，破坏范围超过 30 万平方千米，有感范围波及 14 个省(自治区、直辖市)，死亡 24.2 万人，伤 16.4 万人，唐山毁房 1 479 万平方米，倒塌民房 530 万间，唐山地区直接经济损失达 54 亿元。此外，地震还可能诱发地震火灾、地震水灾、地震海啸、地震山崩、地震滑坡、地震矿山灾害等次生灾害。唐山地震期间，在天津发生火灾 36 起，损失达百万元以上。

7.5.1 地震的成因类型及其特点

地震按成因类型可分为人工地震和天然地震。天然地震又可分为构造地震、火山地震和陷落地震三大类。

1. 构造地震

由地壳运动引起的地震称为构造地震。地球上发生次数最多(约占地震总数的 90%)、破坏性最大的地震是构造地震。

2. 火山地震

由火山喷发引起的地震称为火山地震。这类地震一般强度较大，但受震范围较小，它约占地震总数的 7%。

3. 陷落地震

由地层塌陷、山崩、巨型滑坡等引起的地震称为陷落地震，其主要发生在石灰岩岩溶地区，只约占地震总数的 3%。

4. 人工地震

由人类工程活动引起的地震称为人工地震。如修建水库、开采矿藏、人工爆破等都可能引起地震。而随着人类公共活动的日益加剧，人工地震也引起人们更多的关注。

7.5.2 关于地震的基本概念

震源：地球内部直接发生破裂的地方；震中：地面上正对着震源的地方；震源深度：震源到震中的距离；震中距：震中到地面上任一观测点的距离；震级：地震大小的一种度量，根据地震释放能量的多少来划分，用"级"来表示。

震级是通过地震仪器的记录计算出来的，地震越强，震级越大。震级相差一级，能量相差约 30 倍。地震按震级大小的分类情况：弱震：震级小于 3 级的地震；有感地震：震级等于或大于 3 级、小于或等于 4.5 级的地震；中强震：震级大于 4.5 级，小于 6 级的地震；强震：震级等于或大于 6 级的地震。其中震级大于或等于 8 级的又称为巨大地震。

地震烈度：烈度是表示地面及房屋等建筑物受地震破坏的程度，用"度"来表示。我国将地震烈度划分为 12 度。

震级和地震烈度是两个完全不同的概念，震级只跟地震释放的能量多少有关，其是表示地震大小的度量，所以一次地震只有一个震级；而烈度表示地面受地震的破坏程度，各地不同，但震中烈度只有一个。

一般而言，震级越大，烈度就越高。同一次地震，震中距不同地方的烈度就不一样（一般情况下，震中地区受破坏的程度最高，其烈度值称为震中烈度，随着震中距的增加，地震造成的破坏逐渐减轻）。烈度的大小除了震级、震中距外，还与震源深度、地质构造和岩石性质等因素有关。

目前世界上有仪器记录的最大地震是 1960 年 5 月 22 日发生在智利的 8.9 级地震。

7.5.3 我国地震分布及其特点

根据 1 000 多年的地震历史资料及近代地震学研究分析，全球的地震分布极不均匀，主要分布在 3 条地震带上，即环太平洋地震带、地中海南亚地震带和大洋中脊地震带。我国东临环太平洋地震带，西部和西南部为阿尔卑斯—喜马拉雅地震带（属地中海南亚地震带），因此，我国是一个多地震国家，地震带主要分布在东南—台湾和福建沿海一带、华北—太行山沿线和京津唐渤海地区、西南—青藏高原、云南和四川西部、西北—新疆和陕甘宁部分地区。

中国地震活动频度高、强度大、震源浅、分布广，是世界上多地震的国家之一，地震灾害在世界上居于首位，同时地震灾害也是我国最主要的地质灾害。1900 年以来，中国死于地震的人数达 55 万之多，占全球地震死亡人数的 53%；20 世纪，全球两次造成死亡 20 万人以上的大地震全都发生在我国，一次是 1920 年宁夏海原 8.5 级地震，死亡 23.4 万人；另一次是 1976 年唐山 7.8 级地震，死亡 24.2 万人。1949 年以来，100 多次破坏性地震袭击 22 个省（自治区、直辖市），其中涉及东部地区 14 个省份，造成 27 万余人丧生，占全国各类灾害死亡人数的 54%，地震成灾面积达 30 多万平方千米，房屋倒塌数量达 700 万间。地震及其他自然灾害的严重性构成了中国的基本国情之一。

我国的地震绝大多数是构造地震，其次为水库地震、矿震等诱发性地震。地震的分布基本上是循活动性断裂带分布的，有一定的方向性。其优势方向在中国东部为北北东向，西部为北西向，中部为近南北向和东西向。大约可以东经 105°和北纬 35°这两条南北与东西带将我国分为 4 个象限。概括而言，西南、西北地区地震最少（台湾例外）。地震集中的地带称为地震带。我国西部主要的地震带有近东西向的北天山地震带、南天山地震带、昆仑山地震带、喜马拉雅山地震带和北西向的阿尔泰山地震带、祁连山地震带、鲜水河地震带、红河地震带等。中国东部最强烈的地震带为走向北北东的台湾地震带，向西依次是东南沿海地震带、郯城—庐江地震带、河北平原地震带、汾渭地震带和东西向的燕山地震带、秦岭地震带等。

地震的活动时强时弱，呈波浪状发展，具有多种不同尺度的周期性。从统计概率的观点来看，每日的凌晨和黄昏，每月朔、望日，每年 3、8 月份前后，太阳 11 年活动周期年，太阳活动磁周期的偶数周内，都是发震率较高的时段。根据历史资料分析，1011—1076 年、1290—1368 年、1484—1730 年、1815 年至今为中国华北地区历史大地震的 4 个地震活跃期。在地震活跃期内还存在尺度更短的地震活跃幕与地震活跃节，有 5～6 年、11 年、22 年等周期或准周期。据分析，20 世纪末与 21 世纪初是地震活跃时期。

7.6 风　沙

7.6.1 风沙作用

1. 概念

风沙作用是指风力对地表物质的侵蚀、搬运和堆积的过程。

2. 风蚀作用

风力的侵蚀作用简称风蚀作用，包括风沙的吹蚀和磨蚀作用，其强度取决于风力的大小、所挟沙粒的大小和地表的性质。

当风力达到使沙粒移动的临界速度时(此时风力称为"起沙风")才具有吹蚀作用。通常,中国干旱和半干旱地区的起沙风风速为 4~5 m/s。地表岩性越软,越易被吹蚀。

3. 风积作用

风力的搬运作用指起沙风挟带沙粒运动,往往表现为风沙流,是一种贴近地面的沙粒搬运现象。风沙流中绝大部分沙粒都在近地表 10 cm 以下,随着风速的增大,地表 10 cm 以内含沙量的绝对值也增大。

风积作用是指风所搬运的沙粒,由于条件改变而发生的堆积。

风力减弱,风沙流遇到障碍物,或气流中的含沙量增加,超过风力的搬运能力时都可发生风积作用。

地表特征和风力状况常常决定着风沙作用的强度和风成地貌的形成。通常,平坦的地面和开阔的内陆盆地有利于气流的运行,加之盆地内碎屑物质丰厚,为风积地貌的形成提供了重要的物质来源。

内陆干旱地区雨量稀少、蒸发强烈、风力强劲、土质干燥、地表植被稀疏,有利于气流对地面的直接作用,风成地貌比较发育。

7.6.2 风蚀地貌

1. 概念

风蚀地貌是指由风沙的侵蚀和磨蚀作用而成的地表形态,如风蚀蘑菇、风蚀柱、风蚀谷、风蚀残丘、风蚀洼地等。

2. 风蚀蘑菇和风蚀柱

荒漠中突起的孤立岩石,尤其是水平裂隙发育而岩性较弱的岩石,在风沙的经常吹蚀下,可形成上部大、下部小,形似蘑菇的地形,称风蚀蘑菇(图 7-5)。

图 7-5　风蚀蘑菇

而垂直裂隙比较发育的岩石，在长期的风蚀作用下形成孤立的石柱，称为风蚀柱。

3. 雅丹地貌

在极干旱地区，干涸的河、湖底的土状堆积物经常龟裂，风蚀作用使这些裂隙越来越大，最终形成地表崎岖起伏、支离破碎的风蚀土墩和风蚀沟槽，即为雅丹地貌。可见，雅丹地貌与前述的风蚀蘑菇、风蚀柱等不同，它不是发育在基岩上，而是发育在河湖相的泥沙堆积物上。

在中国新疆，塔里木盆地东部的罗布泊、准噶尔盆地西北部的乌尔禾区，雅丹地貌十分典型。其中乌尔禾又称为魔鬼城。

4. 风蚀谷、风蚀残丘和风蚀洼地

干旱荒漠地区偶有暴雨，洪流可冲刷地面形成冲沟。气流挟风沙沿沟谷吹蚀，使之扩大，即形成风蚀谷。

假如风蚀谷不断扩大，原始地面不断缩小，最后残留下来的原始地面就成为风蚀残丘。在由松散物质组成的地面，风蚀作用可使地面凹下而形成大小不同的风蚀洼地。

7.6.3 风积地貌

1. 概念

风积地貌指风力作用下由沙尘堆积而成的，形态各异的沙丘、沙垄等。

2. 新月形沙丘

新月形沙丘是一种较为常见的风积地貌（图 7-6）。新月形沙丘是由带有大量流沙的气流通过盾状沙堆或其他障碍物时发生堆积而形成的。其高度不等，一般为几米到几十米。

新月形沙丘通常迎风的一侧坡度较小（缓），背风的一侧坡度较大（陡），背风坡又称"落沙坡"。

在沙漠中，有时可以根据新月形沙丘的落沙坡朝向，确定该地区的盛行风向。

3. 纵向沙垄

纵向沙垄是沙漠中顺着主要风向延伸的垄状堆积地貌。垄体较为狭长平直，中部垄脊平缓。沙垄的规模因地方不同而异。中国西北地区的沙垄一般高十几米至几十米，长达数百米至几千米。

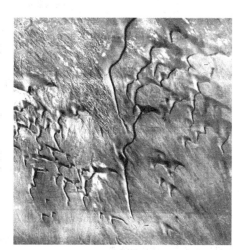

图 7-6 新月形沙丘示意图

4. 复合型沙积地貌

由于风力作用和沙性的差异，会造成各种复合型沙积地貌景观。

7.6.4 风沙地区公路施工区划分

全国风沙地区公路施工区划分见表7-1。

表7-1　全国风沙地区公路施工区划分

区划	沙漠(地)名称	地理位置	自然特征
风沙一区	呼伦贝尔沙地、嫩江沙地	呼伦贝尔沙地位于内蒙古呼伦贝尔平原，嫩江沙地位于东北平原西北部嫩江下游	属半干旱、半湿润严寒区，年降水量为280～400 mm，年蒸发量为1 400～1 900 mm，干燥度为1.2～1.5
	科尔沁沙地	散布于东北平原西辽河中，下游主干及支流沿岸的冲积平原上	属半湿润温冷区，年降水量为300～450 mm，年蒸发量为1 700～2 400 mm，干燥度为1.2～2.0
	浑善达克沙地	位于内蒙古锡林郭勒盟南部和昭乌达盟西北部	属半湿润温冷区，年降水量为100～400 mm，年蒸发量为2 200～2 700 mm，干燥度为1.2～2.0，年平均风速为3.5～5 m/s，年大风日数为50～80 d
	毛乌素沙地	位于内蒙古鄂尔多斯中南部和陕西北部	属半干旱温热区，年降水量东部为400～440 mm，西部仅为250～320 mm，年蒸发量为2 100～2 600 mm，干燥度为1.6～2.0
	库布齐沙漠	位于内蒙古鄂尔多斯北部、黄河河套平原以南	属半干旱温热区，年降水量为150～400 mm，年蒸发量为2 100～2 700 mm，干燥度为2.0～4.0，年平均风速为3～4 m/s。
风沙二区	乌兰布和沙漠	位于内蒙古阿拉善东北部、黄河河套平原西南部	属干旱温热区，年降水量为100～145 mm，年蒸发量为2 400～2 900 mm，干燥度为8.0～16.0，地下水相当丰富，埋深一般为1.5～3 m
	腾格里沙漠	位于内蒙古阿拉善东南部及甘肃武威部分地区	属干旱温热区，沙丘、湖盆、山地、残丘及平原交错分布，年降水量为116～148 mm，年蒸发量为3 000～3 600 mm，干燥度为4.0～12.0
	巴丹吉林沙漠	位于内蒙古阿拉善西南边缘及甘肃酒泉部分地区	属干旱温热区，沙山高大密集，形态复杂，起伏悬殊，一般高在200～300 m，最高可达420 m，年降水量为40～80 mm，年蒸发量为1 720～3 320 mm，干燥度为7.0～16.0

区划	沙漠(地)名称	地理位置	自然特征
风沙二区	柴达木沙漠	位于青海柴达木盆地	属极干旱寒冷区，风蚀地、沙丘、戈壁、盐湖和盐土平原相互交错分布，盆地东部年均气温 2 ℃～4 ℃，西部为 1.5 ℃～2.5 ℃，年降水量东部为 50～170 mm，西部为 10～25 mm，年蒸发量为 2 500～3 000 mm，干燥度为16.0～32.0
	古尔班通古特沙漠	位于新疆北部准噶尔盆地	属干旱温冷区，其中固定、半固定沙丘面积占沙漠面积的 97%，年降水量为 70～150 mm，年蒸发量为 1 700～2 200 mm，干燥度为 2.0～10.0
风沙三区	塔克拉玛干沙漠	位于新疆南部塔里木盆地	属极干旱炎热区，年降水量东部为 20 mm 左右，南部为 30 mm 左右，西部为 40 mm 左右，北部为 50 mm 以上，年蒸发量为 1 500～3 700 mm，中部达高限，干燥度>32.0
	库姆达格沙漠	位于新疆东部、甘肃西部、罗布泊低地南部和阿尔金山北部	属极干旱炎热区，全部为流动沙丘，风蚀严重，年降水量为 10～20 mm，年蒸发量为 2 800～3 000 mm，干燥度>32.0，8 级以上大风天数在 100 d 以上

小　结

　　公路是一种线性构造物，它常穿越许多自然条件不同的地段，特别是不良条件的地段。本任务重点介绍了几种常见的不良地质现象，不同地区根据不同特点选择学习。因此在学习过程中应有侧重点，注重理论联系实际，分析每种不良地质现象的特点、发生条件，把重点放在工程防治上。

复习思考题

　　1. 简述崩塌与滑坡的概念、发生条件及防治方法。

　　2. 什么叫作泥石流？泥石流的形成必须具备哪些条件？

　　3. 地震波与地震烈度有何区别？它们之间又有何关联？

　　4. 简述在岩溶地区进行工程建设常用的处理措施。

　　5. 风沙地貌的种类有哪些？

任务8 地下工程的工程地质问题

知识目标

1. 掌握岩体、岩体结构的概念。
2. 了解地应力的特征。
3. 掌握地下工程的特殊地质问题。
4. 了解围岩的变形及其破坏的基本类型。
5. 掌握结构面的结构和类型。

技能目标

能够分析地下工程的地质问题。

8.1 概 述

地下洞室：地下洞室是在岩土体内，为各种目的经人工开凿形成的地下工程构筑物。

1996 年 11 月，中国工程院环境委员会成立大会上，钱七虎院士提出：19 世纪是桥的世纪，20 世纪是高层建筑的世纪，21 世纪是地下洞室开发利用的世纪。

研究实质：岩土体在开凿洞室后，应力、应变的分布和变形情况。地下洞室的稳定性，必然与地质条件密切相关，因此就是要求有充分可靠的地质资料，作为分析岩体稳定性和进行结构设计、选择施工方法及处理措施的基础。

8.2 岩体、岩体结构及地应力的概念

8.2.1 岩体与岩体结构

1. 岩体的概念

岩体是指与工程活动有关的那部分地壳，因此，岩体的范围大小取决于工程的形状、

位置、类型与规模。按照岩体对工程所起的作用，可以把岩体分为三大类：地基岩体、边坡岩体和周围岩体。地基岩体是指房屋、桥梁、路基等建筑物基础下面的岩体；边坡岩体是指因路堑边坡等人工开挖而暴露出来的斜坡岩体；周围岩体是指隧道等地下工程周围的岩体。

2. 岩石与岩体的相互关系

地壳由岩石组成，岩体是地壳的一部分，因此岩体也是由岩石组成的。但岩体和岩石不同：可以把岩石理解为一种材料，岩石的工程性质主要取决于它的矿物成分、结构与构造，因此，其特征完全可以通过手标本进行描述和试验，基本上把岩石看作是连续的、均质的，且多为各向同性的。

岩体是由各种岩石块体组合而成的"岩石结构物"，它的主要特点是不连续性、非均质性和各向异性。它的工程性质不仅取决于组成它的岩石，更重要的是取决于它的不连续性，因此，其特征不能只用一块手标本进行描述和试验，而需要进行大量的现场观测和多方面的室内外试验才能确定。

3. 岩体结构

(1)结构面。结构面主要是指存在于岩体中的各种地质界面，包括各种破裂面(劈理、节理、断层、风化裂隙面等)、物质分异面(层理、沉积间断面等)以及软弱夹层、软弱带等。结构面是各种地质作用的产物，不同的结构面具有各自的特征。

①结构面类型。根据结构面的成因，一般将其分为成岩(或原生)结构面、构造结构面和次生结构面三种类型。

a. 成岩结构面又可分为火成结构面、沉积结构面和变质结构面。火成结构面多数是物质分界面，如侵入体与围岩的接触面、岩浆岩体之间的接触面等，也有破裂性结构面，如岩浆迅速冷凝收缩而成的原生节理面；沉积结构面主要是指层理面、不整合面等物质分界面；变质结构面主要是指板状、千枚状及片状、片麻状岩石的片理面。

b. 构造结构面。构造结构面是指在构造应力作用下形成的，主要包括断层面、节理面、劈理面等。构造结构面各有其力学成因，相互间有一定的成因联系，在空间分布上也有一定的规律。构造结构面按其力学成因可分为压性的、张性的、扭性的、压扭性的和张扭性的五种。

c. 次生结构面也多为破裂面。其包括风化裂隙面、卸荷裂隙面、爆破裂隙面、滑坡裂隙面、溶蚀裂隙面等。

②结构面的特征。

a. 产状：结构面在空间的分布状态。

b. 间距：同一组相邻结构面之间的垂直距离。

c. 持续性：表示在一个暴露面上能见到的结构面迹线的长度。

d. 粗糙度：相对于结构面平均平面的平整光滑程度。

e. 结构面壁强度：结构面相邻岩壁的等效抗压强度。

f. 裂缝开度：张开结构面相邻岩壁间的垂直距离。

g. 充填物：充填于结构面相邻岩壁间的物质。

h. 渗透：水沿岩石孔隙和导水结构面的流动。

(2)结构体：即岩体中被结构面切割而成的岩石块体。

①结构体的形状及大小。结构体的形状取决于结构面的组数及其产状。在沉积岩中有可能形成比较规则的结构体形状，但在一般情况下，很难形成规则的几何形状。常见的形状有立方体、四面体、菱面体、板状、柱状及楔状六种。

结构体的大小由结构面组数及各组间距决定。巨大岩块组成的岩体不易变形；小的岩块可能引起类似土的潜在破坏形式，由通常伴随着不连续岩体出现的平移或倾倒式破坏，变为圆弧-旋转型破坏，在极个别情况下，极小的"岩块"可能产生流动破坏。

②结构体与工程的相对位置。如果结构体的形状和大小相同，当其产状不同时，在同一个工程部位有不同的稳定性；当产状相同而处于不同的工程部位时，也有不同的稳定性。

(3)岩体结构的基本类型及其工程性质。岩体的工程性质与岩石的工程性质和结构面的工程性质密切相关。对于岩性较好的坚硬岩石组成的岩体，其工程性质主要取决于结构面的工程性质；对于岩性较差的弱软岩石组成的岩体，其工程性质一般受岩石工程性质的控制。根据结构面及结构体的不同特征，可划分出整体块状结构岩体、层状结构岩体、碎裂结构岩体和散体结构岩四种类型，其工程性质也不相同。

①整体块状结构岩体的工程性质。整体块状结构岩体因其结构面稀疏、延展性差、结构体块度大且常为硬质岩石，因此整体强度高，变形特性接近于各向同性的均质弹性体，变形模量、承载能力及抗滑能力都较高，抗风化能力也较强，故其具有良好的工程性质。

②层状结构岩体的工程性质。层状结构岩体中结构以层面及不密集的节理为主，结构面多为闭合至微张状，一般风化微弱，结合力不强，结构体块度较大且保持着母岩岩块性质，因此这类岩体总体变形模量和承载力较高，但当结构面结合力不强或有软弱夹层存在时，则其强度和变形特性都具有各向异性的特点。一般沿层面方向比垂直于层面方向强度低。

③碎裂结构岩体的工程性质。碎裂结构的岩体中，节理、裂隙发育，常有泥质充填物质，结合力不强，岩体的完整性破坏较大，其工程性质较差。

④散体结构岩体的工程性质。散体结构岩体的裂隙很发育，岩体十分破碎，工程性质极差，可按碎石土来分析其工程性质。

8.2.2　地应力及其特征

(1)地应力：地应力指地壳岩体处在未经人为扰动的天然状态下所具有的内应力，也称为天然应力、原岩应力、初始应力、一次应力。由于工程开挖，一定范围内岩体中的应力受到扰动而重新分布，则称为二次应力或扰动应力，在地下工程中称围岩应力。

（2）地应力的组成：地应力主要包括构造应力和自重应力，另外还包括地温应力、地下水压力及沉积作用、变质作用、岩浆作用等引起的应力等。

自重应力是指由上覆地层岩体重量产生的地应力。

对于表面为水平的半无限体，岩体具有的重度为 γ，在深度为 H 处的垂直自重应力为

$$\sigma_V = \gamma H$$

水平自重应力 σ_H 为

$$\sigma_H = \lambda \sigma_V$$

式中　λ——天然应力比值因数（又称岩体的侧压力系数）。

构造应力是指由构造运动引起的地应力，一般可分为活动应力和残余应力。

（3）地应力的特点：

①地应力基本上是压应力。

②垂直应力主要是自重应力。

③水平压力具各向异性。

8.3　围岩与围岩应力的变化规律

8.3.1　围岩的概念

在岩体中，因开挖洞室，岩体产生的应力重新分布，应力重新分布的范围内的岩体称为围岩，其直径一般为洞室直径的 3～5 倍。

8.3.2　围岩应力的变化规律

主要与洞室形状和侧压力系数（N）有关。

8.3.3　围岩应力的特征

（1）邻近洞壁的岩体受到集中应力的作用，当岩体中的切向应力和径向应力之差达到某一极限值时，就会产生塑性变形。

（2）当应力足够大时，有可能形成一个塑性松动圈。

（3）在塑性松动圈外侧，径向应力逐步增大，所形成的应力升高区，称为弹性圈。

（4）在应力升高区以外，应力状态仍保持应力状态，应力条件不受洞室开挖的影响。

8.3.4　结构面的产状与洞室受力方向对围岩应力的影响

（1）结构面与洞室受力方向的夹角＞60°或垂直时，洞壁与结构面垂直相交的部位产生最大切向应力。

(2)结构面与洞室受力方向的夹角<30°或平行时，洞壁与结构面相切的部位产生最大切向应力；当结构面的走向与洞室受力方向平行时，洞顶（底）的切向应力成为最大主应力，而径向应力变得弯斜。

(3)结构面与洞室受力方向的夹角为45°时，洞壁与结构面相切且垂直的部位产生相等的最大切向应力。

8.4　洞室围岩的变形及其破坏的基本类型

1. 坚硬岩体的变形与破坏

(1)岩爆：在高地应力区完整、坚硬的脆性岩中，产生的大量弹性应变能的突然释放，即突然的脆性破坏，并导致岩石剥落、弹射和爆裂声、气浪的现象，称为岩爆。

(2)张裂、劈裂：当 $N<1/3$ 时，洞顶产生张裂塌落；洞壁产生劈裂剥落。

(3)弯折（内鼓）：对于层状（尤其是薄层脆性）围岩，是由卸荷回弹或切向压应力超过其抗弯强度所造成。

(4)滑移。

2. 软弱岩体的变形与破坏

(1)塑性变形：当围岩应力超过软弱岩体的屈服强度时，软弱的塑性岩体就会向洞内挤出、鼓胀，产生变形。塑性变形的延续时间长，变形量大，发生压碎、拉裂或剪破。塑性变形是围岩变形的主要组成部分。

(2)膨胀内鼓：岩石吸入地下水或开挖后从空气中吸收水分易于膨胀的有两类：一是富含黏土矿物（特别是蒙脱石）的泥岩、页岩、膨胀土；二是含硬石膏的地层。

3. 松散围岩的变形与破坏

(1)重力坍塌：当洞室开挖遇到规模较大的断层破碎带，节理密集带等破碎岩体以及松散堆积物时，在洞顶会产生的坍塌破坏现象。

(2)溯流涌出：当开挖揭穿了饱水的松散破碎物质时，这些物质就会和水一起在压力下呈夹有大量碎屑物的泥浆状突然涌入洞中，有时甚至可以堵塞坑道，给施工造成很大的困难。

8.5　地下工程特殊地质问题

8.5.1　涌水

地下洞室穿越含水层时，会使地下水涌入。其作用表现为：

(1)产生静水压力作用于衬砌；

(2)岩质软化，降低强度；

(3)软弱夹层泥化，使岩体滑动；

(4)岩类的溶解和膨胀；

(5)产生动水压力，出现流砂及渗透变形；

(6)若含有有害化合物，则会对衬砌产生侵蚀；

(7)大量涌水，易产生伤亡事故。

8.5.2 有害气体

天然存在的有害气体能够充满岩石的空隙，当开挖时，气体会进入开挖地下、开挖井巷，给施工带来不便。

隧道与地下工程施工中常见的有害气体是瓦斯，其具有如下特征：

(1)爆炸温度：封闭状态下可达 1 850 ℃；

(2)爆炸体积：扩大四倍或更大；

(3)爆炸后：空气中无 O_2，使人员晕倒甚至死亡；

(4)如果爆炸时遇到煤尘，威力更大。

8.5.3 地温

在深埋(>170 m)地下洞室内，高地温会使施工更加困难。

一般在地表下一定深度内，地温常年不变，称为常温带，以下地热增温率为 1 ℃/33 m。除深度外，地热还与构造、火山活动、地下水温度有关。

8.5.4 岩爆

在坚硬岩体深部开挖时，岩石突然飞出和剧烈破坏的现象，称为岩爆。

1. 岩爆的特点

(1)高应力区的坚硬岩石易发生岩爆；

(2)岩爆发生时常伴有声音；

(3)岩爆发生时有一个过程，即启裂阶段—应力调整阶段—岩爆阶段；

(4)岩爆分为四级：Ⅰ—无岩爆，Ⅱ—低岩爆，Ⅲ—中等岩爆，Ⅳ—高岩爆。

2. 岩爆发生的条件

(1)岩层经受过较强的地应力作用；

(2)岩石具有较高的弹性强度；

(3)埋藏位置具有较严密的围限条件。

3. 岩爆的类型

(1)围岩表部岩石突然破裂引起的岩爆；

(2)矿柱或大范围围岩突然破坏引起的岩爆；

(3)断层错动引起的岩爆。

4. 岩爆的防治方法

(1)超前钻孔；

(2)超前支撑及紧跟衬砌法；

(3)喷雾洒水；

(4)表面爆破诱发。

📖 小 结

本任务主要介绍了岩体、岩体结构的概念；地应力的特征；结构面的结构和类型，并分析了地下工程的特殊地质问题。

📖 复习思考题

1. 什么是岩体和岩体结构？

2. 地应力的特征有哪些？

3. 结构面的结构和类型各是什么？

4. 地下工程的特殊地质问题有哪些？

任务 9　地基工程的工程地质问题

根据介质的不同，地基的工程地质问题可以分为岩质地基和土质地基。岩石与土体（土粒堆积而成的松散介质）不同，岩石是比较坚硬的、颗粒间有较强连接的固体（基本上为连续介质），但在各类土木工程基础影响的范围和较大的建筑荷载所引起的应力涉及的深度范围内、地基体内却往往不是一种单一的岩石，而是一个具有若干种不同强度的岩石、有多个不同方向的软弱结构面或有断层存在，而且是各部分风化程度不同的、工程性质较为复杂的结构岩体。有时地基范围内还可能存在一些较大的洞穴和断层。因此，在建筑荷载的影响下，地基可能发生的变形就比较复杂，而且各种不同类型和结构的岩质地基，其强度及承载力（承受荷载的能力）也需要综合分析。

9.1　岩质地基的工程地质问题

9.1.1　变形和强度问题

由于岩质地基的主要受力为压力，故主要分析受压变形。

1. 单个岩块受压变形分析

由于各类岩石的矿物成分、结构构造、颗粒大小、形成的地质条件及成岩的过程不同，因而其在单轴加压条件下的应力-应变曲线的形态也不尽相同，大致可分为如图 9-1 所示的四种类型。

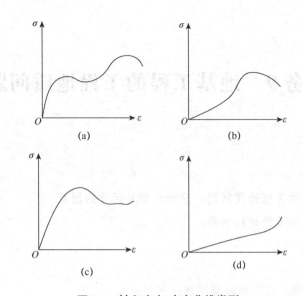

图 9-1　轴向应力-应变曲线类型

(a)弹塑性变形型；(b)裂纹受压为主型；

(c)弹性变形为主型；(d)塑性变形为主型

2. 影响岩石地基变形性质的因素

(1)岩体中结构面对受力变形的影响。作为建筑物地基的岩体(荷载作用下的应力范围)，一般有数十到数百立方米(一些大型工程，如水利工程可达数千立方米)。它们在多次构造运动及长期的风化营力作用下，产生了很多节理、裂隙及断层，一般把这些裂开面(可能由于张力、剪切及压缩、错动形成)、层理面和片理面统称为结构面，这些结构面在地基岩体中发育数量的多少、延展长度、产状方向、充填物的厚度及性质，在很大程度上影响着岩体受力后的变形及强度。特别是当存在着较厚泥砂质充填物的张节理、较大范围的断裂破碎带及软弱岩层等软弱结构面，会较大地增加岩体变形量，同时也降低其强度。

(2)结构面对岩体变形的影响。

①结构面方向。岩体的变形因结构面与力作用方向之间角度的不同而不同，即导致岩体变形的各向异性。这种变形的方向性，在岩体中具有规律的结构面组数较少时(1~2 组)更为明显。

②结构面的性质。如结构面类型(张节理、剪切节理、断层面、断层破碎带等)、结构面张开程度、充填程度、充填物质性质等，都对岩体受压后在各方向的变形有影响。

③结构面发育的密度和数量。一般岩体中裂隙发育越强(即密度大，数量多)，受力后产生的变形越大，但结构面的密度发育到一定程度时，对变形的影响就不太明显了。

④结构面组合关系。当岩体中存在两组以上的结构面时，各组结构面排列组合方式不

同，对岩体变形的影响也有所不同。

(3)各类结构面对岩体变形影响的特征。

①对垂直结构面的拉应力基本无阻抗力。

②在垂直于结构面的压应力作用下，结构面间容易闭合或压密岩体，产生相应的应力。

③结构面在沿其面方向上的切应力作用下，易于产生剪切变形或滑动位移。

④沿结构面的剪切破坏或滑动，符合摩尔-库仑法则。

(4)风化作用对岩体变形性质的影响。地壳表层的岩石，在长期风化营力作用(地表昼夜及冬夏季节的温差，大气及地下水中的侵蚀性化学成分的渗浸等)下，逐渐由完整至破裂，由坚固至松散，随着岩体受风化程度的加深，其承受外来荷载的能力降低，变形量加大。

一般情况下，岩体受风化影响的程度，是自表面到深处逐渐减弱的。但各地区岩体受风化影响的程度及深度，则主要受该地区风化营力的强弱、不同岩石抵抗风化的能力及该地区地质构造运动历史等方面的影响。

①岩石抗风化能力。岩石受风化侵蚀的速度主要取决于岩石抗风化的能力，它与不同岩石的形成环境、矿物与化学成分、岩体结构及构造密切相关。岩浆岩的抗风化能力由大至小的顺序为：

酸性岩(花岗岩、正长岩)＞中性岩(闪长岩、安山岩)＞基性岩(玄武岩、辉绿岩)＞超基性岩(橄榄岩)。

变质岩的顺序则为：浅变质岩＞中等变质岩＞深变质岩。

沉积岩的抗风化能力则比较复杂，一般石英砂岩、硅质石灰岩的抗风化能力较强，而黏土质岩石(黏土岩、泥页岩及泥质砂岩)则较低。南方的红色黏土岩，开挖暴露几天后就会发生风化崩解。

②地基岩体较深处的古风化壳。地表岩体的风化程度是由浅到深逐步减弱的，一般风化延深由数米到十几米，但少量地区有的深达数十米，个别达到百米以上。有些地方近期的风化深度不大，在几米深处的岩石即呈未风化状态，可是再继续向深处钻探，却又发现有较厚的风化岩石，这就是所谓的古风化壳。它是在前期某次地质构造旋回后露出地表的岩石，在该旋回后的剥蚀夷平期受到风化侵蚀而在后一次构造运动中又被埋入地下的。所以，在勘探时要查明在外部荷载作用下岩石地基所产生的附加应力深度内(及受压层范围内)有无古风化壳存在，以及它们的厚度、分布范围及风化程度等情况。

③各种风化程度岩体分类及其对变形的影响。岩体的风化除上述的影响因素外，还与岩体中结构面的发育有关，因为结构面常是导致风化营力侵蚀深入的通道而使岩体更加破碎松软。今根据大量工程实际勘察资料，对岩体的风化程度进行分类，并列出它们的主要变形及力学性质指标的经验数值，以供工程评价参考，见表9-1。

表 9-1　不同风化程度岩石物理力学性质指标参考数据

风化程度	孔隙率 n /%	湿抗压强度 /MPa	弹性模量 E /($\times 10^3$ MPa)	岩心获得率 /%	锤击声	开挖方法
全风化	>22.46	<4.37	<1.88	<24	闷哑	锹,镐
强风化	11.31~22.46	21.36~4.37	6.78~1.88	48~24	哑声	镐,风镐
弱风化	4.74~11.31	55.24~21.36	15.18~6.78	68~48	发声不太清脆	风镐
微风化	0.49~4.74	101.21~55.24	25.98~15.18	91~68	较清脆	爆破
未风化	<0.49	>101.21	>25.98	>91	清脆	

9.1.2　影响岩体地基强度的因素

1. 岩石自身的强度

自然界各种岩石的强度由于其形成的地质原因、形成时地质条件、组成的矿物与化学成分、矿物晶粒（颗粒）的大小、粒间的连接或胶结性质、胶结物（沉积岩）的性质等因素的不同，它们的物理力学性质也大不相同。表 9-2 是各级岩石地基的承载力及其范围。

表 9-2　各级岩石地基的承载力及其范围　　　　　　　　　　　MPa

岩石类型 ＼ 承载力 ＼ 风化程度	未风化 矿物成分完整，新鲜	微风化 矿物成分新鲜，有稀少的细微裂隙	弱风化 风化变色严重，结构基本完整	强风化 裂隙多组发育，将岩体切割成块状	全风化 岩体完全风化破碎，岩块、碎石、泥沙堆积
坚硬岩	>6 000	6 000~3 000	3 000~1 000	1 000~500	500~250
较坚硬	6 000~3 000	3 000~1 500	1 500~800	800~400	400~200
较软岩	3 000~2 000	2 000~1 000	1 000~700	700~350	350~200
软岩	2 000~1 200	1 200~800	800~500	500~250	250~150
很软岩	1 200~800	800~600	500~300	300~200	200~100

2. 结构面的影响

结构面的抗剪强度一般较岩石本身的抗剪强度低得多，所以当岩体中存在有延伸较大的各类结构面，特别是倾角较陡的结构面时，岩体强度及受竖向荷载的承载力就可能受到发育的结构面所控制而大为降低。

3. 风化程度的影响

不同风化程度对岩体强度的影响，可参见表 9-1。不同风化程度的岩体，强度差别是比较大的。由于各种风化营力是由地表侵袭而来，所以岩体所受风化的程度，一般是从表面向深处逐渐减弱的。在勘探时还要特别注意有些在岩体的受压层范围内存在的古风化壳。

9.1.3　不良岩质地基加固处理措施

对于岩质地基中各种不良的地质条件，只要事先勘察清楚，一般情况下都是可以处理的。但要针对具体问题，有的放矢地采取加固处理措施。

1. 表层风化破碎带

若风化破碎层厚度不大，一般采取清基，即将破碎岩块清除掉。对超高层房屋建筑、重型设备，高大混凝土坝及重型桥梁基础等工程，则要求清至新鲜（或微风化）、坚固完整（或微细裂隙）的岩石，即应将弱风化带以上的破碎岩石都清除掉。对中小型工程常可不必清至新鲜基岩，一般可将强风化的破碎岩块清除，留下岩层的各项力学指标，能够满足要求即可。如果岩石还比较坚硬，只是因裂隙切割而使其力学性质降低，则可以考虑采取灌浆加固等措施。

2. 节理裂隙带发育较深的岩基体

一般可采用钻孔后，灌注水泥砂浆（或水玻璃浆）进入节理裂隙中，把碎裂岩石胶结起来，加固并提高其力学指标。

3. 地基岩体有控制岩体滑移条件的软弱结构面

为保证地基岩体的稳定，一般可用锚固的方法，即用钻孔穿过软弱结构面，深入至完整岩体一定的深度，插入预应力钢筋或钢缆，并在钻孔周围回填以水泥砂浆填实，相当于把结构面两侧的完整岩体用螺栓连接起来，并增强软弱结构面的抗滑能力。

4. 地基岩体中存在着倾角较大、埋藏较深或厚度较大的断裂破碎带和软弱夹层

若彻底清除，则开挖量将很大。这时一般可采用井、槽或硐挖方式，将破碎物质挖除，然后回填混凝土，再配以周侧岩体的固结灌浆以加固岩体，保证岩基的稳定。

5. 基岩受压层范围内存在有地下洞穴

应探明洞穴的发育情况，即深度、宽度等，再用探井（或大口径钻孔）下人，对洞穴作填塞加固。

9.2　土质地基的工程地质问题

9.2.1　基础和地基

(1)地面工程建筑物下部直接与岩、土层接触的部位称为基础。

(2)建筑物的荷载由基础传递给下面的岩土体，使一定深度内的岩、土体应力状态发生改变，这部分岩土体称为地基。

9.2.2 地基和基础破坏基本类型

1. 地基不均匀下沉和变形过大

(1)土质地基强度低，压缩性大，容易产生这类破坏；

(2)岩质地基强度高、压缩小，破坏不明显。

2. 地基的滑移、挤出-剪切破坏

(1)土基的剪切破坏：局部剪切破坏、整体剪切破坏、冲切（刺入）破坏，如图9-2所示。

①整体剪切破坏（硬性土地基）：

地基内破坏点连通成剪切滑动面，形成连续滑动面，地基沿滑动面剪出，地表土体隆起，有明显的两个拐点。

②局部剪切破坏（软性地基）：

地基土在荷载增大的情况下，破坏区却限制在一定范围，不形成延伸至地面的连续破裂面，地表土体仅略微隆起。

③冲切（刺入）破坏（特软地基）：

地基垂直下沉，两侧地面不发生土体隆起，地基土沿地基两侧发生垂直剪切破坏。

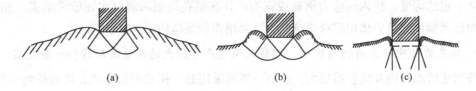

图9-2 土质地基的剪切破坏

(a)整体剪切破坏；(b)局部剪切破坏；(c)冲切（刺入）破坏

(2)岩基的滑移破坏：岩质地基变形是构成地基的岩体在建筑物荷载作用下产生的变形，以及由此而引起的地基面的位移。岩基变形的概念一般限定为岩基整体失稳或承载力失效之前的变形，但由于岩体结构复杂，具有不均一、不连续性，局部的结构面剪切滑移和软弱夹层的塑性挤出，以及由此而导致的结构体的局部破损、滑移、转动或层体结构的弯曲等，也是岩基变形的组成部分。

9.2.3 地基承载力

1. 基本概念

(1)地基的极限承载力。单位面积上地基能承受的最大极限荷载。

(2)地基的容许承载力。为确保建筑物的安全和稳定性，不能以地基能承受的最大极限荷载作为设计用地基承载力，这样，限定的承载力称为地基容许承载力。

2. 确定方法

(1)现场试验：载荷试验法；静力触探试验；旁压试验。

(2)理论公式计算：主要采用临塑荷载法和极限荷载法。

(3)应用规范查表。

9.2.4 地基基础

1. 基础分类

(1)基础按埋置深度分为：浅基础，深基础。

①浅基根据构造形式又可分为：条形基础，独立基础，联合基础，筏板基础，箱形基础。

②深基础又可分为：桩基，沉井，地下连续墙。

(2)按基础材料分为：砖基础，毛石基础，灰土基础，三合土基础，混凝土基础，钢筋混凝土基础。

(3)按基础受力性质分为：刚性基础，柔性基础。

2. 基础类型的选择

(1)一般土地基。

①地基土均匀，承载力较高。若荷载小则选用刚性基础；若荷载大则选用独立基础。

②地基土均匀、高压缩性的软土或软弱土层，通常使用箱形基础、桩基。

③地基土分两层，上层为软土，下层为硬土。若软土厚度<2 m，则挖除软土，将基础放在硬土上。若软土厚度>2 m，对于低层建筑：挖除部分，放置筏板基础；对于高层建筑：选用桩、箱形基础。

④地基土分两层，上层硬土，下层软土。对于一般建筑：基础置于硬土；对于高大建筑：选用桩、箱形基础。

⑤多层软、硬土互层：基础类型由持力层性质决定。

(2)特殊土地基。

①黄土地基：注意排水、加固；一般民用建筑可采用柔性基础或筏板基础，对工业厂房或重型建筑则采用桩基。

②软土地基：进行地基处理，多选箱形、桩、筏板加桩复合基础。

③膨胀土地基。

弱膨胀土地基：采用埋深较大的柔性基础。

强膨胀土地基：采用箱形基础。也可采用桩基础，但桩基础应穿透膨胀土层。

小 结

本任务主要介绍了岩质地基和土质地基的工程地质问题。

复习思考题

1. 不良岩质地基的加固处理措施有哪些?
2. 风化程度对地基强度的影响主要有哪几个方面?

任务 10 边坡的工程地质问题

◎ 知识目标

1. 掌握边坡变形破坏的基本类型。
2. 掌握影响边坡稳定性的因素。
3. 了解边坡的坡形及应力分布特征。

◎ 技能目标

能够分析影响边坡稳定性的因素。

10.1 边坡变形破坏的基本类型

边坡是一面临空的岩、土体斜坡。

按成因边坡可分为自然边坡和人工边坡。

边坡形成过程中和形成后，在自然和人为因素的影响下，岩、土体内部的应力状态也会发生变化，从而可能产生破坏。

10.1.1 边坡的变形类型

1. 卸荷回弹

卸荷回弹是斜坡岩体内积存的弹性应变能释放而产生的。

斜坡中经卸荷回弹而松弛，并含有与之有关的表生结构面的那部分岩体，通常称为卸荷带。

(1)河谷下切，在陡峻的河谷岸坡上形成卸荷裂隙；路堑边坡的开挖，使新的卸荷裂隙产生。

(2)上覆岩石被剥蚀去，深部的岩石形成平行于地面的卸荷裂隙，常见于花岗岩出露地区，尤其是采石场里。

2. 蠕动

斜坡的蠕变是在坡体应力(以自重应力为主)长期作用下发生的一种缓慢而持续的变形，这种变形包含某些局部破裂，并产生一些新的表生破裂面。

（1）表层蠕动：疏松的土质边坡，破碎的岩质边坡，如图 10-1～图 10-3 所示。

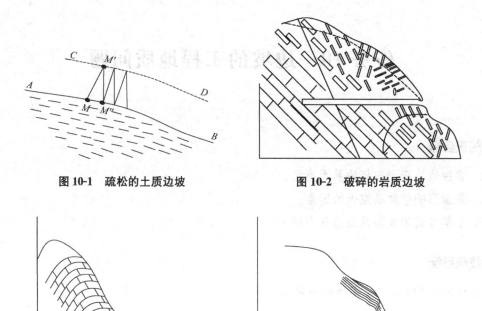

图 10-1　疏松的土质边坡　　　　　图 10-2　破碎的岩质边坡

图 10-3　岩质边坡

（2）深层蠕动：软弱基底蠕动，坡体蠕动，如图 10-4 和图 10-5 所示。

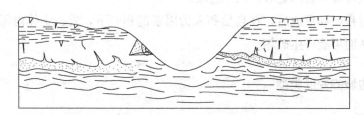

图 10-4　软弱基底蠕动

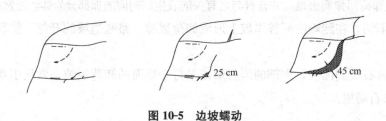

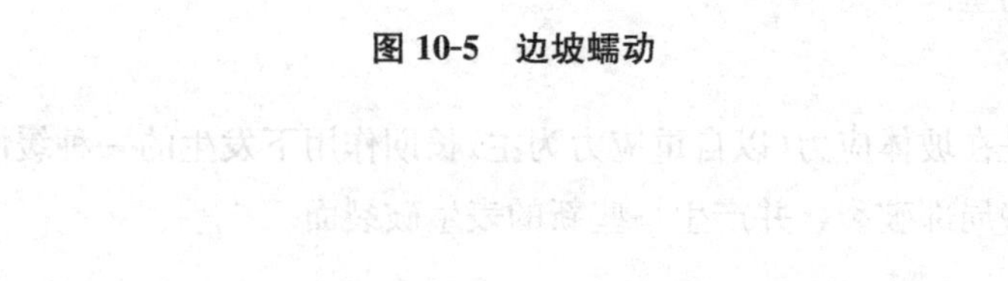

图 10-5　边坡蠕动

10.1.2　边坡的破坏类型

(1)表层破坏：剥落，冲沟，滑塌。

(2)深层破坏：滑坡，崩塌、落石，扩离。

10.2　影响边坡稳定性的因素

10.2.1　岩土性质和类型

岩性对边坡的稳定及其边坡的坡高和坡角起重要的控制作用。坚硬完整的块状或厚层状岩石如花岗岩、石灰岩、砾岩等可以形成数百米的陡坡。而在淤泥或淤泥质软土地段，由于淤泥的塑性流动，几乎难以形成边坡。黄土边坡在干旱时，可以直立陡峻，但一经水浸土则强度大减，变形急剧，滑动速度快，规模和动能巨大，破坏力强且有崩塌性。松散地层边坡的坡度较缓。

10.2.2　地质构造和岩体结构的影响

在区域构造比较复杂，褶皱比较强烈，新构造运动比较活动的地区，边坡稳定性差。断层带岩石破碎，风化严重，地下水最丰富和活动的地区极易发生滑坡。岩层或结构的产状对边坡稳定也有很大影响，水平岩层的边坡稳定性较好，但存在陡倾的节理裂隙，则易形成崩塌和剥落。同向缓倾的岩质边坡(结构面倾向和边坡坡面倾向一致，倾角小于坡角)的稳定性比反向倾斜的差，这种情况最易产生顺层滑坡。结构面或岩层倾角越陡，稳定性越差。如岩层倾角小于$10°\sim15°$的边坡，除沿软弱夹层可能产生塑性流动外，一般是稳定的；大于$25°$的边坡，通常是不稳定的；倾角在$15°\sim25°$的边坡，则根据层面的抗剪强度等因素而定。同向陡倾层状结构的边坡，一般稳定性较好，但由薄层或软硬岩互层的岩石组成，则可能因蠕变而产生挠曲弯折或倾倒。反向倾斜层状结构的边坡通常较稳定，但垂直层面或片理面的走向节理发育且顺山坡倾斜，易产生切层滑坡。

10.2.3　水的作用

地表水和地下水是影响边坡稳定性的重要因素。不少滑坡的典型实例都与水的作用有关或者水是滑坡的触发因素；充水的张开裂隙将承受裂隙水静水压力的作用(图10-6、图10-7)；地下水的渗流，将对边坡岩土体产生动水压力。水对边坡岩体还产生软化或泥化作用，使岩土体的抗剪强度大为降低；地表水的冲刷、地下水的溶蚀和潜蚀也直接对边坡产生破坏作用。

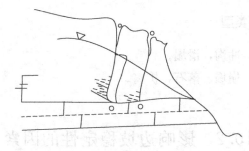

图 10-6　裂隙静水压力

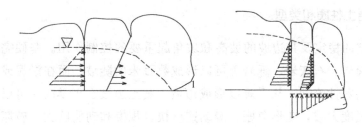

图 10-7　裂隙静水压力分布的不同情况

10.2.4　工程荷载

工程荷载的作用影响边坡的稳定性。

10.2.5　地震作用

地震对边坡稳定性的影响表现为累积和触发(诱发)两方面效应。

1. 累积效应

边坡中由地震引起的附加力 S 的大小，通常以边坡变形体的重量 W 与地震振动系数 k 之积表示 $(S=kW)$。在一般边坡稳定性计算中，将地震附加力考虑为水平指向坡外的力。但实际上应以垂直与水平地震力的合力的最不利方向为计算依据。总位移量的大小不仅与震动强度有关，也与经历的震动次数有关，频繁的小震对斜坡的累进性破坏起着十分重要的作用，其累积效果使影响范围内岩体结构松动，结构面强度降低。

2. 触发(诱发)效应

触发效应可有多种表现形式。在强震区，地震触发的崩塌、滑坡往往与断裂活动相联系。高陡的陡倾层状边坡，震动可促进陡倾结构面(裂缝)的扩展，并引起陡立岩层的晃动。它不仅可引发裂缝中的空隙水压力(尤其是在暴雨期)激增而导致破坏，也可因晃动造成岩层根部岩体破碎而失稳。

碎裂状或碎块状边坡，强烈的震动(包括人工爆破)甚至可使之整体溃散，发展为滑塌式滑坡。结构疏松的饱和砂土受震液化或敏感黏土受震变形，也可导致上覆土体产生滑坡。

海底斜坡失稳，不少也与地震造成饱水固结土体的液化有关，这也是为什么在十分平缓的海底斜坡中会产生滑坡的重要原因之一。

我国岩质边坡工程实践中，为量化评价爆破的影响，根据经验采取降低计算结构面的抗剪强度的方法实施，f 值降低 $15\%\sim30\%$，c 值降低 $20\%\sim40\%$。经理论计算，降低的低值和高值分别相当于地震烈度 Ⅷ 度和 Ⅸ 度时造成的影响。

10.3 边坡的坡形及应力分布特征

10.3.1 边坡的坡形

1. 直线坡

野外见到的直线形坡，一般可分为三种情况。第一种是山坡岩性单一，经长期的强烈风化剥蚀，形成纵向轮廓比较均匀的直线形山坡，稳定性较高；第二种是单斜岩层构成的直线形坡；第三种是岩性松软或岩体相当破碎，在气候干寒，物理风化强烈的条件下经长期剥蚀碎落和坡面堆积而形成的直线形坡，这种山坡在川西峡谷比较发育，稳定性最差。如图 10-8(a) 所示。

2. 折线坡

折线坡的坡形为折线，是由软硬不同的水平岩层或微倾斜岩层组成的基岩山坡，由于软硬岩层的差异风化而形成台阶状的外形。山坡表面剥蚀强烈，基岩外露，稳定性一般较高。如图 10-8(b) 所示。

3. 台阶坡

台阶坡也叫作阶梯坡。通常由于山坡曾经发生过大规模的滑坡变形，由滑坡台阶组成的斜坡，多存在于山坡的中下部，如果坡脚受到强烈冲刷或不合理的切坡，或者受到地震的影响，可能引起古滑坡复活，威胁建筑物的稳定[图 10-8(c)]。

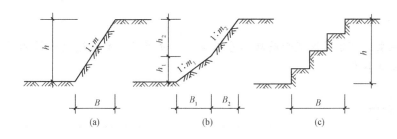

图 10-8 边坡的坡形

(a)直线坡；(b)折线坡；(c)台阶坡

10.3.2 边坡应力分布的特殊点

(1)直线坡的应力集中区在坡脚附近：剪应力集中；

(2)折线坡的应力集中区在变坡点、坡顶附近：张应力集中；

(3)台阶坡的应力状态表现为台阶上、下坡脚的集中应力和平台坡顶的拉张。

10.3.3 人工边坡的坡形确定

人工边坡的坡形可根据岩体结构或根据岩性变化确定。

10.3.4 边坡稳定性分析方法

1. 工程地质分析法——比拟法

此法要求比对的边坡具有"相似性"，即一是边坡岩性、边坡所处的构造部位和岩体结构的相似性；二是边坡类型的相似性。

2. 几何分析法——赤平极射投影分析

岩质边坡的变形和破坏主要受结构面控制。一般可利用赤平极射投影法表示边坡变形的边界条件，即可表明各组结构面的组合关系，滑动体形态与边坡倾向、倾角的关系，从而可对边坡的稳定性做定性分析，以便于进一步做力学计算。

3. 力学计算法——定量分析

以岩土力学理论为基础，运用静力学、弹塑性理论或刚体力学等进行分析，通常是建立在静力平衡的基础上，按不同边界条件考虑力的组合，进行边坡稳定性计算。

4. 模型模拟试验

模型模拟试验主要是采用物理模型试验和数值模拟相结合的方法。模拟试验按照研究要求不同，有物理模型试验和运动学模型试验。物理模型试验要遵守相似性原理，原型和模型必须满足几何相似和强度相似。

小　结

本任务主要介绍了边坡变形破坏的基本类型，分析了影响边坡稳定性的因素和边坡的坡形及应力分布特征。

复习思考题

1. 边坡变形破坏的基本类型有哪些？

2. 影响边坡稳定性的因素有哪些？

任务 11　工程地质勘察

◉ 知识目标

1. 了解各勘察阶段的划分及各个阶段的工作任务。

2. 熟悉工程地质勘察报告书的组成。

3. 掌握工程地质勘察的基本方法及现场原位测试的试验方法。

◉ 技能目标

1. 能进行现场原位测试的试验。

2. 能够利用本章所学知识解决工程实际问题并形成勘察报告书。

11.1　工程地质勘察的任务和阶段划分

11.1.1　工程地质勘察的目的和任务

工程地质勘察的目的是运用工程地质理论和各种勘察测试技术手段方法，为工程提供翔实、可靠的地质资料和技术参数，充分利用有利的自然条件，避开不利地质地段，从而保证建筑物安全和正常使用，为工程的设计、施工提供所需的工程地质资料。

工程地质勘察的主要任务如下：

(1)查明建筑地区的工程地质条件，指出不良地质现象发育情况，为建筑物的设计、施工和运行提供可靠的地质依据，制定合理的方案。

(2)查明地基岩土层的岩性、构造、成因、分布和性状，地下水类型、埋深及分布变化，为建筑物总平面布置、结构尺寸及施工方案提出合理建议。

(3)提出地基基础、基坑支护、工程降水和地基处理设计与施工方案的建议。

(4)对不符合建筑物安全稳定性要求的不利地质条件，提出拟定措施和处理方案。

(5)预测建筑物施工与使用过程中，由于工程活动的影响或自然因素的改变而可能产生的新的工程地质问题，并提出改善不良工程地质条件的建议。

(6)对于抗震设防烈度等于或大于6度的场地，应进行地震效应评价。

11.1.2 工程地质勘察阶段的划分

建设工程项目的设计一般可分为可行性研究阶段、初步设计阶段和施工图设计阶段。为了提供各设计阶段所需的工程地质资料，工程地质勘察工作也相应的划分为可行性研究勘察、初步勘察、详细勘察三个阶段。可行性研究勘察应符合选择场地方案的要求，初步工程地质勘察应符合初步设计的要求，详细工程地质勘察应符合施工图设计的要求。场地条件复杂或有特殊要求的工程宜进行施工勘察，但由于工程规模和要求不同，场地和地基复杂程度差别也很大，因此要求每个工程都分阶段勘察是不切实际、不必要的。对于场地较小且无特殊要求的工程可以合并勘察阶段，当建筑物平面布置已经确定，且场地或其附近已有沿途工程资料时，可直接进行详细勘察。

各勘察阶段的任务和工作内容简述如下：

1. 可行性研究勘察阶段

可行性研究勘察阶段即选址阶段，勘察目的在于从总体上判定拟建场地的工程地质条件能否适应工程建设项目。通过对候选场址地质资料的对比分析，做出工程地质评价。

这一阶段工作任务如下：

(1)搜索区域地质、地形地貌、地震、矿产、水文以及岩土工程和建筑经验等概略性资料。

(2)搜集、分析已有资料，通过踏勘了解场地的地层、构造、岩性、不良地质作用、地下水等工程地质条件。当已有资料不能满足要求时，应根据具体情况进行地质测绘和勘探等工作。

(3)对大桥、隧道、不良地质地段要进行必要的勘探。

(4)对建筑抗震不利的地段；对场地稳定性有潜在威胁的地段；洪水或地下水难于控制的地段以及有未开采的有价值的地下矿藏、文物古迹和未稳定的地下采空区等选址时应避开。

2. 初步勘察阶段

初勘的目的是根据合同或协议书要求，在工程可行性研究的基础上，对公路工程建筑地进一步做好地质比选工作，为初步选定工程场地、设计方案和编制初步设计条件提供必需的地质依据，并对主要工程地质问题做出定量评价。这一阶段的主要工作如下：

(1)搜集本项目的有关文件、工程地质和岩土工程资料以及场地范围地形图(一般比例尺为 1:2 000～1:5 000)。

(2)初步查明地质构造、地层结构、岩土工程特性、地下水埋藏条件等。

(3)查明不良地质作用的成因、分布、规模及发展趋势，并做出相应评价。条件复杂时，应进行工程地质测绘与调查。

(4)初步判断水和土对建筑材料的腐蚀性。

(5)季节性冻土地区，应调查场地的标准冻结深度。

(6)对于抗震防裂度等于或大于6度的场地，应对场地和地基的地震效应做初步评价。

3. 详细勘察阶段

详细工程地质勘察工作的目的，是提出满足技术设计和施工图设计阶段所需工程地质条件的技术参数，对地基条件做出分析和评价，对基础设计地基处理、基坑支护、工程降水、不良地质现象的防治等具体方案做出结论和论证。本阶段主要进行如下工作：

(1)收集有坐标和地形的建筑物平面图，厂区的整平标高、建筑物的性质、规模、荷载、结构特点、基础形式、埋置深度、地基容许变形等资料。

(2)查明建筑物范围内的岩土类型、深度、分布、工程特性，评价地基稳定性、均匀性、承载力。

(3)查明不良地质作用的类型、成因、分布范围、发展趋势、危害程度，提出整治方案的建议。查明埋藏的河道、墓穴、防空洞、孤石等。

(4)查明地下水埋藏条件，提供水位计及其变化幅度，需进行基坑降水设计时，提供地层渗透系数。

(5)对需要进行沉降计算的建筑物，提供地基变形计算参数，预测变形特征。

(6)提供为深基坑开挖的边坡稳定计算和支护设计所需的岩土技术参数，论证和评论基坑开挖、降水等邻近工程和环境的影响。

(7)判断水和土对建筑材料的腐蚀性。

(8)季节性冻土地区，提供场地土的标准冻结深度。

(9)为选择桩的类型、长度，确定单桩承载力以及选择施工方法提供岩土技术参数。

4. 施工勘察阶段

施工勘察阶段主要工作是配合设计和施工单位进行勘察，解决与施工有关的岩土工程问题，并提供相应的勘察资料。遇到下列情况应进行施工勘察。

(1)基坑或基槽开完后，岩土条件与勘察资料不符。

(2)基坑开挖后，地质条件与勘察资料不符，并可能影响工程质量。

(3)深基坑设计施工中，需进行有关地基监测工作。

(4)地基处理加固时，需进行设计和检验工作。

(5)地基中溶洞或土洞较发育，需进一步查明及处理。

(6)在施工中或使用期间，当边坡土体、地下水等发生未曾估计到的变化时，应进行监测并对施工和环境的影响进行分析评价。

11.2　公路工程地质勘察的主要方法

公路工程地质勘察的方法，主要有工程地质测绘、工程地质勘探、试验与长期观测等几种。

11.2.1 工程地质测绘与调查

工程地质测绘，就是通过野外路线观察和定点描述，将岩层分界线、断层、滑坡、崩塌、溶洞、地下暗河、泉、井等各种地质条件和现象，按一定比例尺填绘在适当的地形图上，并做出初步评价，为布置勘探、试验和长期观测工作指出方向。

1. 基本要求

(1)调查范围。包括建筑场地及其附近地段，实际调查范围应大于建筑面积。

(2)测绘比例尺。可行性研究勘查阶段可选用1∶5 000～1∶50 000；初步设计阶段可选用1∶2 000～1∶10 000；详细勘查阶段可选1∶500～1∶2 000。在地质条件较为复杂地段可适当放大比例尺。对工程有重要影响的地质单元体(如断层、滑坡、软弱夹层、洞穴等)可扩大比例尺表示。

(3)测绘精度。对于建筑地段地质界线和地质观测点测绘精度在图上误差不应低于3 mm。

2. 地质测绘与调查的内容

(1)地形地貌条件。查明地形地貌特征及其与地层、构造、不良地质作用的关系，以划分地貌单元。

(2)地层岩性。调查地层岩土的性质、成因、年代、厚度和分布，确定岩层风化程度，区分新近沉积土及各种特殊性土的土层。

(3)地质构造。主要研究测区内各种构造行迹产状、分布、形态、规模及结构面的力学性质。分析所属体系，明确各类地质构造的工程地质特性。分析其对地貌形态、水文地质、岩体风化等方面的影响。注意新构造的地质特点及其地震活动的关系。

水文地质条件。查明地下水类型，补给来源、排泄途径及径流条件，井泉位置、含水层的岩性特征、埋藏深度、水位变化、污染情况及其与地表水体的关系等。

(4)不良地质现象。查明滑坡、泥石流、崩塌、断裂、冲沟、地震、坡岸冲刷、岩溶等不良地质现象的形成、分布、发展、发育程度及其对工程建设的影响；调查人类工程活动对场地稳定性的影响，如人工洞穴、地下踩空、抽水排水及水库诱发地震等。

3. 野外观测点、线的布置

在地质构造线、地质接触线、岩性分界线、标准层和每个地质单元体上应有地质观测点。地质观测点密度应根据场地的地貌、地质条件、成图比例尺和工程要求等确定，且应具有代表性。地质观测点应充分利用天然和已有的人工露头，当露头少时，可根据具体情况布置一定数量的探槽。地质观测点的定位应根据精度要求选用目测法、半仪器法和仪器法。地质构造线、地质接触线、岩性分界线、软弱夹层、地下露头及不良地质作用等特殊地质观测点宜用仪器法定位。

4. 工程地质测绘

测绘方法一般分为相片成图法和实地测绘法。相片成图法是利用地面摄影或航空(卫星)遥测相片,在室内根据判释标志,结合所掌握的区域地质资料,把判明的地层岩性、地质构造、地貌水系及不良地质现象等绘制在单张相片上,选出需要调查的地点和路线,进行实地调查,核对、修正、补充,绘成底图,最后转绘成图。

若该地区没有航测相片,则调查测绘工作主要依靠野外工作,进行实地测绘,常用的方法有以下三种:

(1)路线穿越法。即沿着与岩层走向、构造线、地貌单元垂直的方向,每隔一定距离布置一条路线,沿路线和地质观察点(简称地质点)进行地质观测和描述,然后将所测绘或调查的地层、构造、地质现象,水文地质、地质界线、地貌界限等填绘在地形图上。观测路线应选在露头或覆盖层薄的地方。路线形式有折线型和直线型。这种方法适用于地质条件不太复杂或小比例尺测图地区。

(2)界线追索法。即沿地层走向或某一地质构造线或地质不良现象界限进行追索测绘。这种方法工作量大,成果较准确,通常在地层沿走向变化大,断裂构造比较发育的地区采用,据以查明局部工程的复杂地质构造。

(3)布点法。根据不同的比例尺预先在地形图上布置一定数量的观测点以及观测路线,使观测路线尽量广泛地观察地质现象。此法适用于大中比例尺的工程地质测绘。

以上三种方法选择往往是视测区内的地形、地质条件分布而定。由于路线穿越法具有工作量少、效率高的特点,因此,在有条件的地区应首先选用。尤其是当地势较为平坦,布设测绘线路较为方便时,一般选用路线穿越法。测点法由于其不利于测区内地质模型的判断或建立,一般仅用于地形复杂,不宜布置测绘线路的地区,或作为测绘线路附近的特殊观测点的补充使用。界线追索法则适用于重要的地质界线的专门测绘,多作为路线穿越法的补充。当然,在实际工程中测区内的地形、地质条件是千变万化的,常常需要将三种方法灵活运用。一般采用以路线穿越法为基础,对测绘线路附近的特殊观测点增加临时测点,对测绘线路附近的重要地质界线采用临时增加追索线路的办法可以取得较为理想的效果。

5. 野外实测地质剖面法

在地质测绘工作的初期,为了认识与确定测区内岩层性质、层序、分层标志和界线,以提供测绘填图作为划分岩层的依据和标准,往往在测绘范围内,选择岩层露头良好、层序清晰、构造简单的路线作实测地质剖面。

具体做法如下:

(1)布置剖面线。通常沿垂直岩层走向或垂直于主要构造线的方向,选定剖面线方向。

(2)布置测点。剖面线位置确定后,沿剖面线布置测点。测点应选择在地形地质条件有变化的地方,其间距随测绘比例尺,即精度要求而定。如作1:500的测绘时,间距应小于5 m;作1:1 000的测绘时,间距不超过10 m;若地形起伏大,或地质条件复杂,点距要求适当减小。每一测点都要打木桩(或作标记),并统一编号。

(3)剖面地形测量。用经纬仪测出各点的位置和高程,根据测量结果,绘制地形剖面图。若作草测剖面，可用地质罗盘仪和皮尺沿剖面施测。即先用皮尺测出剖面起点 0 和测点 1 的间距，用地质罗盘测出导线 0—1（起点 0—测点 1）的方位和地形坡角。再依次测量测点1—测点 2（1—2）、测点 2—测点 3（2—3）⋯⋯

（4）地质条件的观测记录。在进行剖面地形测量的同时，还应进行地质资料的收集。其观测记录内容主要有地层分层层位，岩石名称、岩性特征、风化情况，断裂构造，各类结构面的产状，第四纪堆积层的组成及厚度，地下水露头情况及物理地质现象等，并采集必要的岩样、水样标本送试验室化验鉴定。

（5）绘制剖面图。在对实测地形地质资料进行认真的复核，并确认无误后，按地质剖面图式要求，编制实测地质剖面图。具体步骤：先绘导线平面图。根据导线方位和水平距，按比例尺将导线自基点（起点）至终点逐点绘出，并将岩层分界线、岩层产状、其他观测点等一一标出。连接基点（起点）和终点，即为剖面线（或选岩层倾向一致的方向为剖面方向）。然后在导线平面图的下方，平行于剖面线作一与之等长的基线，在基线两端竖高程尺标（若未知基点高程，则按相对高程计），并于左端定出基点，再将各导线点按累积高差投影在基线上方，连接各点，即得地形剖面。继而投绘剖面中的地质内容：将导线上各岩层的分界点、各种地质构造及地质现象投影到地形剖面图上，按产状用图例符号表示出各岩层（剖面方向与岩层倾向一致时，按真倾角表示，否则按视倾角表示）和地质条件。

在测绘过程中，野外资料必须每日进行初步整理，包括野外记录、绘制地质剖面图、编制地层柱状图、绘制平面草图、整理标本和试样等工作。实测地质剖面图记录见表 11-1。

表 11-1 实测地质剖面图记录

导线号	方位角/(°)	坡度角/(°)	导线斜距/m	导线平距/m	地层			产状			标本		导线与走向夹角/(°)	水平距/m	高差		地层厚度			备注
					分层号	地层代号	斜距/m	岩性描述	斜距/m	倾向/(°)	倾角/(°)	采集点	编号			分段/m	累计/m	分层厚/m	分组厚/m	累计/m	

11.2.2 工程地质勘探

为进一步查明、验证地表以下的工程地质问题，并获得地下深部的详细地质资料，需要在地质测绘的基础上进行必要的勘探工作。勘探工作主要有坑探、钻探和物探等三种类型。

1. 坑探

坑探主要是人工开挖，有时也用机械开挖。此法勘察人员能够直接观察到地质结构，可不受限制地从中采取原状岩土样，进行物理力学特性试验和大型原位试验，从而准确、可靠地绘制出展示图。常利用坑、槽、竖井、斜井及平硐等工程来查明地下地质条件的一种勘探方法，对研究地层破碎带、软弱泥化夹层、滑动面（带）等的空间分布特点及工程性质等具有无可取代的地位。其特点和适用条件见表11-2，坑探示意图如图11-1所示。

表 11-2   各种坑探工程的特点和适用条件

名　称	特　点	适　用　条　件
探槽	在地表深度小于3～5 m的长条形槽子	剥除地表覆土，揭露基岩，划分地层岩性，研究断层破碎带
试坑	从地表向下，铅直的、深度小于3～5 m的圆形或方形小坑	局部剥除覆土，揭露基岩；做载荷试验、渗水试验，取原状土样
浅井	从地表向下，铅直的、深度大于3～5 m的圆形或方形井	确定覆盖层及风化层的岩性及厚度，做载荷试验，取原状土样
深井	形状与浅井相同，但深度大于15 m，有时需支护	了解覆盖层的厚度和性质，做风化壳分带、软弱夹层分布、断层破裂带及岩溶发育情况、滑坡体结构及滑动面等；布置在地形较平缓、岩层又较缓倾的地段
平硐	在地面有出口的水平坑道，深度较大，有时需支护	调查斜坡地质结构，查明河谷地段的地层岩性、软弱夹层、破碎带、风化岩层等；做原位岩体力学试验及地应力量测、取样；分布在地形较陡的山坡地段
石门(平巷)	不出露地面而与竖井相连的水平坑道，石门垂直岩层走向，平巷平行	了解河底地质结构，做试验等

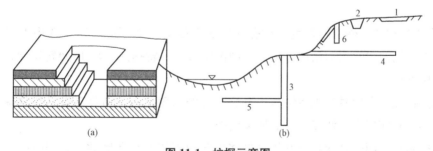

图 11-1   坑探示意图

(a)探坑；(b)在探坑中取原状土样

2. 钻探

钻探是用人力或机械带动钻机，以旋转或冲击的方式切割或凿碎岩石，形成一个直径小而深度较大的圆形钻孔，可沿孔取样测定岩石和土层的物理特性的勘探方法。这种勘探方法可以揭露地下深处的地质现象，查明建筑物地基的地层岩性、地质构造；采取岩心、水样(近几年来，采用大口径1～2 m的钻探设备，其特点是可以取出较大的岩心，人可以直接下井观察地质现象)；在钻孔内进行工程地质、水文地质、灌浆等试验工作。

(1)轻便的勘探方式主要有以下三种：

①洛阳铲勘探。借助铲的重力和人力，将铲头冲入土中，完成直径小、深度大的圆形孔，取出扰动土样。冲入深度一般在土中约为 10 m，在黄土中可达 30 m。

②锥探。用锥具向下冲入土中，凭感觉探明疏松覆盖层厚度。探测深度可达 10 m 以上。适于查明沼泽和软土厚度、黄土陷穴等。

③小螺纹钻探。人工加压回转钻进，能取出扰动土样，适于黏性土、砂性土层，一般挖深在 6 m 以内，如图 11-2 所示。

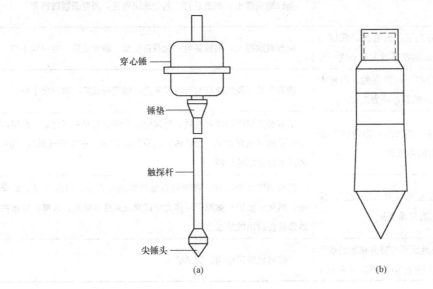

穿心锤
锤垫
触探杆
尖锤头
(a)

(b)

图 11-2　锥状探头

(2)由于岩性的坚硬完整程度、钻孔深度和钻探的目的不同，需要选用不同类型的钻机。工程地质勘探中常用的钻探方法有：冲击钻探、回转钻探、冲击-回转钻探、冲水钻进和振动钻探五种。

①冲击钻探。利用卷扬机将钻具提升到一定的高度，利用钻具自重迅猛放落产生的冲击动能，冲击孔底岩土，使其破碎而加深钻进。

②回转钻探。回转钻探是指利用钻杆将旋转力矩传递至孔底钻头，同时施加一定的轴向力使钻头在回转中切入岩土层实现钻进。

③冲击-回转钻探。钻进是在冲击与回转综合作用下完成的，可采集岩心，在地质勘探中应用比较广泛。

④冲水钻进。通过高压涉水破坏孔底土层实现钻进，土层被破碎后由水流冲出地面。这种方法适用于砂层、粉土层和不太坚硬的黏性土层。

⑤振动钻探。将振动器产生的振动通过钻杆及钻头传递到钻头周围土中，使土的抗剪强度急剧减小，同时钻头依靠钻具的重力及振动器重力切削土层进行钻进。

在钻进过程中，要及时做好观测、取样和编录工作。通过观测地下水的初见水位、稳定水位及钻进中的漏水量等，了解含水层、隔水层的位置和厚度。通过对取出岩心的观察描述和岩心采取率的统计，记录井壁掉块、卡钻(说明岩石破碎情况)和掉钻(说明遇到溶洞或大裂隙)情况，确定岩石风化程度、完整程度。钻探设备及钻进示意图如图11-3所示。

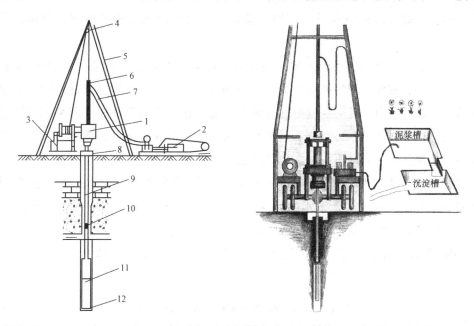

图11-3 钻探设备及钻进示意图

1—钻机；2—泥浆泵；3—动力机；4—滑轮；5—三脚架；6—水龙头；7—送水胶管；

8—套管；9—钻杆；10—钻杆接头；11—岩心管；12—钻头

因此，钻探是靠提取岩心来了解深部地质条件的，因而要保证有一定的岩心采取率。

所谓岩心采取率，是指本回次所取来的岩心总长度与进尺的百分比，该值主要反映了钻进技术的水平。为了解孔下岩体的完整情况，有时还要统计岩心获得率及计算岩石的质量指标RQD值。岩心获得率是指比较完整岩心的长度与进尺的百分比，那些不能拼成岩心柱的碎屑物质不计在内。岩石质量指标RQD值，最早是由美国的伊利诺斯大学迪尔(Deere，1964)提出来的，目前在世界各国已得到了广泛的应用。RQD(Rock Quality Designation)是根据修正的岩心采取率决定的，即只计算长度大于10 cm的岩心，其表达式为

$$RQD(\%) = L_p/L \times 100 \tag{11-1}$$

式中　L_p——长度大于10 cm的岩心总长；

　　　L——钻孔进尺长度。

工程实践证明，RQD是一种比岩心采取率更灵敏，更能反映岩体特性的指标，可按RQD值的大小判别岩体的质量。

3. 物探

物探即地球物理勘探，是利用专门仪器探测地壳表层各种地质体的物理场，通过对数

据的分析和判断，并结合有关地质资料推断地质形状的勘探方法。物探是根据岩土密度、磁性、弹性、导电性和放射性等物理性质的差异，用不同的物理方法和仪器，测量天然或人工地球物理场的变化，以探查地下地质情况。组成地壳的岩层和各种地质体，如基岩、喀斯特、含水层、覆盖层、风化层等，其导电率、弹性波传播速度、磁性等物理性质是有差异的。这样，就可以利用专门的仪器设备，来探测不同地质体的位置、分布、成分和构造。

不同成分、不同结构、不同产地的地质体，在地下半无限空间呈不同的物理场分布，如电厂、重力场、磁场、弹性波应力场、辐射场等。按照岩土物理性质的不同，可分为电法、地震、声波、重力、磁力和放射性等多种方法。在工程地质勘察中多采用电法勘探中的电阻率法。由于自然界中各种岩石的矿物成分、结构和含水量等因素的不同，故有不同的电阻率。此法是人工向地下所查的岩体中供电，以形成人工电场，通过仪器测定地下岩体的视电阻率大小及变化规律，再经过分析解释，便可判断所查地质体的分布范围和性质。如判断覆盖层厚度、基岩和地下水的埋深、滑坡体的厚度与边界、冻土层的分布及厚度、溶蚀洞穴的位置及探测产状平缓的地层剖面等。

几种物探方法的应用范围及适用条件，详见表 11-3。它们的具体方法可参阅有关规程或专著。

表 11-3 几种物探方法的应用范围及适用条件

方 法			应用范围	适用条件
直流电法	电阻率法	电测探	了解地层岩性、基岩埋深	探测的岩层要有足够的厚度，岩层倾角不宜大于 20°
			了解构造破碎带、滑动带位置，裂隙发育方向	分层的电阻率 ρ 值有明显差异，在水平方向没有高电阻或低电阻屏蔽
			探测含水构造、含水层分布	地形比较平坦
			寻找地下洞穴	
		电剖面	探测地层、岩性分界	分层的典型差异较大
			探测断层破碎带的位置	
			寻找地下洞穴	
	电位法	自然电场法	判定在岩溶、滑坡以及断裂带中地下水的活动情况	地下水埋藏深度较浅，流速足够大，并有一定矿化度
		充电法	测定地下水流速、流向，测定滑坡的滑动方向和滑动速度	含水层深度小于 50 m，流速大于 1.0 m/d，地下水矿化度微弱，围岩电阻率较大
交流电法	频率探测法		查找岩溶、断层、裂隙及不同岩层界面	
	无线电波透视法		探测溶洞	
	地质雷达		探测岩层界限、洞穴	

方　法		应用范围	适用条件
地震探测	直达波法	测定波速，计算土层动弹性参数	
	反射波法	测定不同地层界面	界面两侧介质的波阻抗有明显差异，能形成反射面
	折射波法	测定性质不同底层界面，基岩埋深、断层位置	离开波源一定距离(盲区)才能接收到折射波
测井	电视测井	观察钻孔井壁	以光源为能源的电视测井不能在浑水中使用，如以超声波为能源则可在浑水或泥浆中使用
	井径测量	测定钻孔直径	
	电测井	测定含水层特性	
声波探测		测定动弹性参数，监测洞室围岩或边坡应力	

4. 弹性波探测技术

弹性波探测技术包括地震勘探、声波及超声波探测。它是根据弹性波在不同的岩土体中传播速度的不同，用人工激发产生弹性波，使用仪器测量弹性波在岩体中的传播速度、波幅规律，按弹性理论计算，即可求得岩体的弹性模量、泊桑比、弹性抗力系数等计算参数。

物探方法具有速度快、成本低的优点，用它可以减少山地工程和钻探的工作量，所以得到了广泛的应用。但是，物探是一种间接测试方法，具有条件性、多解性，特别是当地质体的物理性质差别不大时，其成果往往较粗略。所以，应与其他勘探手段配合使用效果会更好。

11.2.3　工程地质试验及长期观测

1. 工程地质试验

在工程地质勘察中，试验工作十分重要，它是取得工程设计所需要的各种计算指标的重要手段。试验工作分为室内试验和野外试验两种。室内试验是用仪器对采取的土样、岩样、水样进行试验、分析，以取得所需的数据。野外试验是在现场天然条件下进行的原位试验。室内试验的试样较小，并且在野外取样保存、运输的各过程中可能会引起误差，用其代表天然条件下的地质情况有一定的限制。野外试验是在勘察现场进行，更符合实际，代表性强、可靠性较大。也有一些试验是在室内无法进行的，如静、动力触探，抽水及压水试验，灌浆试验等。这类试验，耗费人力物力较多，设备和试验技术也较复杂，所以，一般是两种方法配合使用。

工程地质试验工作的种类，包括：①岩土物理力学性质试验和地基强度试验——室内土工试验、载荷试验、触探试验、钻孔旁压试验、十字板剪力试验、原位剪力试验等；②水文地质试验——钻孔拍水试验、压水试验、渗水试验、岩溶连通试验、地下水实际流速和流向测定试验等；③地基工程地质处理试验——桩基承载力试验、灌浆试验等。

2. 长期观测

由于某些地质条件和现象有随时间变化的特性，因此需要布置长期观测工作。长期观测工作是工程地质勘察的一项重要工作，并从规划阶段就开始，贯穿以后各勘察阶段。有的观测项目，在工程完工以后仍需继续进行观测。

观测工作之所以重要，是因为工程地质和水文地质条件的变化及其对公路建筑物的影响，不是在短期内就能反映出来的。例如，物理地质现象的发生和发展、地下水水位的变化、水质和水量的动态规律，都需要进行多年的季节性观测，才能了解其一般规律，才能利用观测资料预测其发展的趋势和潜在危害，以便采取防治措施，保证建筑物的安全和正常使用。地质观测项目，主要有以下几个：

(1)与工程有密切关系的物理地质作用或现象的观测，如滑坡、雪崩、泥石流的观测，河流冲刷与堆积、岩石风化速度的观测等。

(2)工程地质现象的观测，如人工边坡、地基沉降变形、地下洞室变形等项目的观测。

(3)地下水动态观测，如地下水水位、化学成分、水量变化及孔隙水压力的观测等。

长期观测点的位置，应能有效地将变化的不均匀性和方向性表示出来，观测线应布置在地质条件变化程度差异最大的方向上。

为观测滑坡的发展，主观测线应沿滑动方向布置。在布点时，必须合理选择作为比较用的基准点。观测时间的间隔及整个观测时间的长短，视需要和观测内容及变化的特点来决定，一般应遵照"均布控制、加密重点"的原则。

在观测过程中，应不断积累资料，并及时进行整理，用文字或图表形式表示出来。在有条件的地方，可以设置自动或半自动观测记录装置。有关公路工程在运转期间工程地质及水文地质需长期观测的内容，见《公路工程地质勘察规范》(JTG C20—2011)。

11.3 公路工程地质勘察内容

11.3.1 新建公路工程地质勘察

1. 新建公路工程地质勘察的内容

(1)路线工程地质勘察。

(2)路基、路面工程地质勘察。

(3)桥涵工程地质勘察。

(4)隧道工程地质勘察。

(5)天然筑路材料工程地质勘察。

废料，按初勘和详勘阶段的不同深度进行勘察，为公路设计提供筑路材料的资料。

2. 新建公路地质勘察资料整理

(1)全线工程地质说明书。

(2)工程地质平面图。

(3)添绘路线纵断面图中的地质说明。

(4)各类测试原始资料的汇总分析。

11.3.2　改建公路工程地质勘察

1. 改建公路工程地质勘察内容

(1)收集沿线的地形、地貌、工程地质、水文地质、气象、地震等资料。

(2)收集有关桥梁、隧道和防护、排水等构造物的新建、改建或加固工程所需的地质资料。

(3)收集原有公路路况资料。

(4)调查原有公路的路基、路面、小桥涵等人工构造物的状况及病害，研究病因及防治的效果。对原有公路的工程地质、不良地质地段的道路病害应力求根治。

(5)当路线因提高等级或绕避病害而另选新建的路段，应按新建公路的要求进行工程地质勘察工作。

2. 改建公路工程地质勘察的资料要求

(1)工程地质说明书。

(2)不良地质、特殊岩土、路基病害等有关项目的调查表。

(3)原有路面整体补强测试图表。

(4)工程地质图，按新建公路地质图的有关规定编制。

(5)勘探、试验、调查等资料。

11.3.3　公路路基工程地质勘察

1. 公路选线的工程地质论证

(1)沿河线：一般坡度缓，线路顺直，工程简易，施工方便。

(2)山脊线：地形平坦，挖方量少，无洪水，桥隧工程量少。

(3)山坡线：可以选任意线路坡度，路基多采用半填半挖。

(4)越岭线：能通过巨大山脉，降低路面坡度和缩短距离，但地形崎岖，展线复杂，不良地质现象发育，要选择适宜的垭口通过。

(5)跨谷线：需造桥跨过河谷或山谷，其优点是缩短线路和降低坡度，但工程量大，费用高，需选择河面窄、河道顺直、两岸岩体稳定的地方通过。

2. 公路路基的主要工程地质问题

(1)路基边坡稳定性问题。在重力作用、河流的冲刷或工程的影响下，路基边坡要发生不同形式的变形与破坏。其破坏形式主要表现为滑坡和崩塌。当施工开挖使其滑动面临空时，易引起处于休止阶段的古滑坡重新活动，造成滑坡灾害。滑坡对路基的危害程度，决定了滑坡的性质、规模，滑体中含水情况以及滑动面的倾斜程度。

(2)路基基底稳定性问题。路基基底稳定性多发生于填方路堤地段，其主要表现形式为滑移、挤出和塌陷。基底土的变形性质和变形量的大小主要取决于基底土的物理力学性质、基底面的倾斜程度、软弱夹层或软弱结构面的性质与产状等。当高填路堤通过河漫滩或阶地时，若基底下分布有饱水厚层淤泥，往往使基底产生挤出变形。路基基底若为不良土，应进行路基处理或架桥通过或改线绕避等。

(3)公路冻害问题。冬季路基土体因冻结作用而引起路面冻胀和春季因融化作用而使路基翻浆，结果都会使路基产生变形破坏，甚至形成显著的不均匀冻胀，使路基土强度发生极大改变，危害道路的安全和正常使用。

(4)天然建筑材料问题。路基工程需要天然构筑材料的种类较多，包括道渣、土料、片石、砂和碎石等。它不仅在数量上需求量较大，而且要求各种构筑材料产地最好沿线两侧零散分布。

3. 公路路基工程地质勘察的基本内容

(1)沿线的地形、地貌和地质构造。

(2)不良地质、特殊岩土的类型、性质及分布。

(3)大型路基工程场地的地质条件。

(4)路基填筑材料的来源。

(5)预测可能产生工程地质病害的地段、病害性质及对工程方案的影响。

(6)勘察范围为沿路线两侧各宽 150～200 mm。

4. 公路路基工程地质勘察的要点

(1)初步勘察阶段。本阶段的基本任务主要是对已确定的路线范围内所有路线摆动方案进行勘察对比。确定路线在不同地段的基本走向，并以稳定路线为中心，全面查明路线最优方案沿线的工程地质条件。工程地质测绘是这一阶段中的一项重要手段，勘察范围沿路线两侧各宽 150～200 mm。测绘比例尺为 1∶50 000、1∶200 000，勘探工作主要是查明重大而复杂的关键性工程地质问题与不良地质现象的深部情况。

(2)详细勘察阶段。详细勘察阶段是根据初步设计文件中所确定的修建原则、设计方案、技术要求等资料，对各种类型的工程建筑物位置有针对性地进行详细的工程地质勘察。最终确定公路路线的布设位置，查明构造物地基的地质构造、地质及水文条件，提供工程和基础设计、施工必需的地质参数。

11.3.4 桥梁工程地质勘察

一般应包括两项内容：首先应对各比较方案进行调查，配合路线、桥梁专业人员，选择地质条件比较好的桥位；然后再对选定的桥位进行详细的工程地质勘察，为桥梁及其附属工程的设计和施工提供所需要的地质资料。

1. 桥梁工程地质问题

(1)桥墩和桥台的地基稳定性。桥墩和桥台的地基稳定性主要取决于桥墩和桥台地基中岩土体的承载力。

桥墩和桥台的基底面积虽然不大，但是由于桥梁工程处于地质条件比较复杂地段，不良地质现象严重影响桥基的稳定性。如在溪谷沟底、河流阶地、古河湾及古老洪积扇等处修建桥墩和桥台时，往往遇到强度很低的饱水淤泥和淤泥质软土层、较大的断层破碎带、基岩面高低不平、风化深槽、软弱夹层、深埋的古滑坡等地段。这些均能使桥墩台基础产生过大沉降或不均匀下沉，甚至造成整体滑动。

(2)桥台的偏心受压。桥台因承受垂直压力、岸坡的侧向主动土压力、滑坡的水平推力作用而总是处在偏心荷载状态下；桥墩的偏心载荷主要由车辆在桥梁上行驶突然中断而产生，这种作用对桥台的稳定性影响很大。

(3)桥墩和桥台地基基础的冲刷。桥墩和桥台的修建，使原来的河槽过水断面减小，局部增大了河水流速，改变了流态，对其地基基础产生强烈冲刷，严重影响其安全。

2. 桥梁工程地质勘察要点

初步设计勘察、施工设计勘察阶段的勘察要点见表11-4。

表 11-4　初步设计勘察、施工设计勘察阶段的勘察要点

初步设计勘察阶段	施工设计勘察阶段
查明河谷的地质及地貌特征，覆盖岩土层的性质、结构和厚度，基岩的地质构造、性质和埋藏深度	探明桥墩和桥台地基的覆盖层及基岩风化层的厚度、岩体的风化与构造破碎程度、软弱夹层情况和地下水状态；测试岩土的物理力学性质，提供地基的基本承载力、桩壁摩阻力、钻孔桩极限摩阻力
确定桥梁基础范围内的基岩类型，获取其强度指标和变形参数	查明水文地质条件对桥墩和桥台地基基础稳定性的影响
阐明桥址区内第四纪沉积物及基岩含水层状况、水头高及地下水的侵蚀性，并进行抽水试验、研究岩石的渗透性	提供地基附加应力分布线计算深度内各类岩石的强度指标和变形参数，提出地基承载力参考值
论述滑坡及岸边冲刷对桥址区内岸坡的稳定性的影响，查明河床下岩溶发育情况及区域地震基本烈度等问题	查明各种不良工程地质作用对桥梁施工过程和成桥后的不利影响，并提出预防和处理措施的建议

11.3.5　隧道工程地质勘察

隧道工程地质勘察包括两项内容：一是隧道方案与位置的选择；二是隧道洞口与洞身的勘察。

前者除隧道方案的比较外，有时还包括隧道展线或明挖的比较；对重点隧道或工程地质和水文地质条件复杂的隧道，应进行区域性的工程地质调查、测绘。当地下水对隧道影

响较大时，应进行地下水动态观测，并计算隧道涌水量。

1. 隧道工程地质问题

山岩压力及洞室围岩的变形与破坏问题；地下水及洞室涌水问题；洞室进出口的稳定问题。

2. 隧道位置选择的一般原则

应尽量避免接近大断层或断层破碎带，如必须穿越时，应尽量垂直其走向或以较大角度斜交。

3. 洞身位置选择

(1)选择地质构造简单、地层单一、岩性完整、无软弱夹层、工程地质条件较好的地段。

(2)选择山体无冲沟、无山洼等次地形且切割不大、岩层基本稳定的地段通过。

(3)选择地下水影响小、无有害气体、无矿产资源和不含放射性元素的地层通过。

(4)对低等级道路隧道选址，原则上应尽量避让各种不良地质现象地段。

对于高等级道路隧道选址，往往受路线等级的限制，不可避免地经过各种不良地质现象地段，在不良地质现象区选择隧道位置总的原则是：尽量避让，以免对隧道造成毁灭性、破坏性影响；尽量选择在影响范围小、影响距离短、影响时间短的地段；通过各方面因素综合考虑，把不良地质的影响减小到最低限度。

4. 洞口位置选择

(1)确保洞口、洞身的稳定，不留地质隐患。

(2)便于施工场地布置，便于运输和弃渣处理，少占或不占可耕地。

(3)洞口外接线工程数量少、里程短、工程造价低等。

(4)对于水下隧道，主要应考虑地表水对洞口倒灌的影响。

5. 隧道工程地质勘察要点

(1)初步勘察阶段。初步勘察阶段主要是通过地表露头的勘察，来查明隧道区地形、地貌、岩性、构造等以及它们之间的关系和变化规律，从而推断不完全显露或隐埋深部的地质情况。

(2)详细勘察阶段。详勘内容主要有三个方面：一是核对初勘地质资料；二是勘探查明初勘未查明的地质问题；三是对初勘提出的重大地质问题做深入细致的调查。重点勘察隧道通过的严重不良地质、特殊地质地段，以确定隧道准确位置的工程地质条件。

11.4 工程地质勘察报告书

工程地质勘察结束后，应将所获得的各项地质资料，进行全面系统的整理和深入细致的分析研究，找出其内在联系和规律性，编写成正式的文字报告、地质图件和数据统计表。

11.4.1　工程地质勘察报告的要求

工程勘察报告是岩土工程勘察成果中的文字说明部分，主要对岩土工程勘察工作进行说明和总结，并对勘察区域内的工程地质条件进行综合评价。它应达到以下要求：

(1)原始资料应进行整理、检查、分析，并确认无误后方可使用。

(2)内容完整、真实，数据正确，图表清晰，结论有据，建议合理，重点突出，有明确的工程针对性。

(3)便于使用和长期保存。

11.4.2　工程勘察报告的格式

1. 序言

(1)勘察工作的依据、目的和任务，工程概况和设计要求、勘察沿革等。

(2)勘察工作起止时间、勘察方法、完成的工作量、采用的技术标准、应用的测量图纸及其控制系统。

(3)勘探和原位测试的设备和方法。

(4)岩土物理力学性质指标试验采用的仪器设备、测试方法和质量评价。

对于大中型勘察项目的岩土试验，宜编写专门的"岩土试验报告"作为报告的附件。

(5)需要说明的其他有关问题。

2. 地形地貌

勘察区域的地形地貌特征、各地貌单元的类型及其分布特征，重点对与工程有关的微地貌单元进行说明。

3. 地层

地层的分布、产状、性质、地质时代、成因类型、成层特征等。

4. 地质构造

场地的地质构造稳定性和与工程有关的地质构造的位置、规模、产状、性质、现象、相互关系，并分析其对工程的影响。对影响工程稳定性的地质构造，还应提出灾害防治措施的建议。

5. 不良地质现象

根据不良地质现象的性质、分布与发育程度、形成原因，提出灾害防治措施的建议。

6. 地下水

地下水的类型、埋藏情况、水位及其变化特征，含水层的渗透系数。

地下水活动对不良地质现象的发育和基础施工的影响。地下水对工程材料的侵蚀性。

7. 地震

划分场地土和工程场地类别，确定场地中对抗震有利、不利和危险地段，判定饱和砂土和粉土在地震作用下的液化情况。

8. 岩土物理力学性质

分析各岩土单元体的特性、状态、均匀程度、密实程度和风化程度等，提出物理力学性质指标的统计值。

9. 岩土工程评价

(1)根据场地岩土层性质及其对工程的影响，对各岩土单元体进行综合评价，提出工程设计所需的岩土技术参数。

(2)结合工程特点、基础形式推荐持力层，分析施工中应注意的问题。

(3)根据场地条件，评价工程的稳定性。

(4)分析不良地质现象对工程的危害性，提出整治方案建议。

(5)根据工程要求、地基岩土性质和地质环境条件，提出地基处理方案的建议。

(6)分析工程活动对地质环境的作用和影响。设计与施工中应注意的问题及下阶段勘察应注意的事项。

11.4.3　工程地质报告书的文字内容

工程地质报告书是工程地质勘察成果的文字报告书，是把取得的野外原始编录资料、搜集到的各种资料、室内试验的记录和数据等进行分析整理、检查校对、归纳总结，并对工作地区的地质条件和存在的问题做相应工程地质评价，也是对各类工程地质图件的说明书，并为工程规划、设计和施工提供依据的基本资料。勘察工作结束后，这些内容，最终以简要明确的文字和图表汇编成报告书。工程地质勘察报告书的编制必须配合相应的勘察阶段。针对场地的地质条件和建筑物的性质、规模以及设计和施工要求，对场地的适宜性、稳定性进行定性分析和定量评价，提出选择地基基础方案的依据和计算参数，指出存在的问题、解决途径和方法。

工程地质勘察报告的内容一般包括以下几方面：

(1)勘察目的、任务要求和依据的技术标准，勘察方法和勘察工作量的布置。

(2)拟建工程概况。主要包括建筑物的功能、平面尺寸、结构类型、荷载或荷载组合、拟采用基础类型及其大概尺寸和有关特殊要求的叙述。

(3)场地地形、地貌、地层、地质构造、岩土性质及其均匀性。

(4)各项岩土性质指标、强度参数、变形参数、地基承载力的建议值。

(5)土和水对建筑材料的腐蚀性。

(6)地下水埋藏情况、类型、水位及其变化。

(7)场地稳定性和适宜性评价。

(8)可能影响工程稳定的不良地质作用的描述和对工程危害程度的评价。

(9)对岩土利用、整改方案进行分析论证并提出建议。

(10)对工程施工和使用期间可能发生的岩土工程问题进行预测，提出监控和预防措施的建议。

11.4.4　工程地质图表

工程地质图是反映工程建筑地区的工程地质图件，是工程地质测绘、勘探和试验工作的总结性成果，是工程地质勘察成果的重要组成部分。在不同勘察阶段，应提供不同的图件。常用的图表主要有以下几种：

1. 勘探点平面布置图

勘探点平面布置图是指在拟建建筑场地的地形图上，把建筑物的位置，勘探、测试点的编号、位置用图例表示出来，并注明各勘探、测试点的标高和深度、剖面线及编号。

2. 工程地质剖面图

工程地质剖面图是勘察报告的最基本图件，反映某一勘探线上的地层沿竖向和水平方向的分布情况。绘制剖面图时，垂直距离和水平距离可以采用不同的比例尺，先将勘探线的地形剖面线画出，标出勘探线上各钻孔中的地层层面，再在钻孔的两侧分别标出层面的高度和深度，最后将相邻钻孔中相同的土层分界点以直线相连（当某地层在相临近钻孔中缺失时，该层可假定于相邻两孔中间尖灭）。剖面图中应标出原状土样的取样位置和地下水水位深度。各土层用一定的图例表示，可以只绘出某一段的图例，该层未绘出部分可由地层编号识别，以使图面更清晰。

3. 钻孔柱状图

钻孔柱状图反映了场地某一勘探点处地层的竖向分布情况，主要是关于地层的分布（层面的深度和层厚）、名称和特征的描述。根据土工试验成果及保存于钻孔岩心箱中的土样，对分层情况和野外鉴别记录进行认真的校核和分层工作。用一定的比例尺、图例和符号绘制柱状图，并自上而下对地层进行编号和描述。同时标出取土深度、地下水水位等资料。也可附上土的主要物理力学性质指标和某些试验曲线（如触探和标准贯入试验曲线等）。

4. 综合地质柱状图

为了简要地表示所勘察地层的层次、主要特征和性质，将所勘察的地层按新老次序自上而下以一定的比例绘成柱状图，并标明层号、层位名称、层厚、地质年代、取样深度等，对土或岩石的特征做简要的描述。

5. 土工试验成果总表

土的物理力学指标是地基基础设计的重要依据，应将室内土工试验和现场原位测试所得成果汇总列表表示。

有关各勘察设计阶段工程地质勘察报告的编写提纲和各种图表的内容要求及具体规定。

11.5 工程地质勘察报告案例

1 概述

1.1 概况

拟建项目位于广西壮族自治区西南部,行政区域属于崇左市大新县,地理坐标介于东经 $106°45'\sim107°09'$,北纬 $22°36'\sim22°56'$,拟建项目路线起于大新县雷平乡,与大新至崇左二级公路相接,经勘圩、排塘、硕龙至下雷,路线全长约 60 km,附加硕龙支线 3.7 km。

本项目于 2007 年 5 月至 2007 年 7 月进行了现场勘察,并于 2007 年 7 月完成工程地质勘察报告编制。

1.2 勘察目的、任务及工作依据

1.2.1 勘察目的

对拟建项目进行工程地质勘察,查明工程场地的工程地质和水文地质条件,为确定公路路线、工程构造物位置及编制施工图设计文件,提供准确、完整的工程地质资料。

1.2.2 主要任务

(1)查明拟建项目的地质、地理环境特征,对地形、地质和水文等场地要素做出分析、评价和建议。

(2)查明桥涵构造物地基的地质结构及其分布特征,测试地基土的物理力学、化学特性,提供地基土的物理力学性质、持力层的变形和承载力、变形模量等岩土设计参数,并做出定量评价。

(3)查明各隧道隧址区地质、地震情况、进出口的环境地质条件,为各方案的比选论证及隧道设计、施工方案选择提供地质依据。

(4)查明场地地基的稳定性、不良地质现象的分布范围、性质,提供防治设计必需的地质资料和地质参数。

(5)查明公路工程建筑场地的地震基本烈度,并对大型公路工程建筑物场地进行必要的地震烈度鉴定或地震安全性评价。

(6)提供编制各阶段设计文件所需的地质资料。

1.2.3 工作依据

1.2.3.1 规范、规程及技术资料

(1)《公路工程地质勘察规范》(JTJ 064—1998)。

(2)《公路桥涵地基与基础设计规范》(JTJ 024—1985)。

(3)《公路工程抗震设计规范》(JTJ 004—1989)。

(4)《公路土工试验规程》(JTJ 051—1993)。

(5)《公路路基设计规范》(JTG D30—2004)。

(6)《公路软土地基路堤设计与施工技术规范》(JTJ 017—1996)。

(7)《公路隧道设计规范》(JTG D70—2004)。

(8)《公路工程岩石试验规程》(JTG E41—2005)。

(9)《岩土工程勘察规范》(GB 50021—2001)。

(10)《中国地震动参数区划图》(GB 18306—2001)。

(11)交通部颁《公路工程基本建设项目设计文件图表示例》。

(12)交通部颁《公路工程基本建设项目设计文件编制方法》。

1.2.3.2　已有技术成果

北京中咨路捷工程技术咨询有限公司《广西雷平至下雷公路可研报告》。

1.3　勘探点的布设与勘察方法

1.3.1　勘探点的布设

(1)一般路基勘探点。一般路基结合小桥涵位置布设勘探点,每处小桥涵布置1个勘探点孔,在其之间特征路基段增加路基勘探点。勘探方法为小桥、盖板涵、高路堤、不良地质路段采用钻探,圆管函、挡土墙地基采用挖探,高边坡路基采用槽探。

(2)桥梁基础勘探点。桥位勘探采用机械钻探,钻孔沿桥轴线布置在墩台位置。

(3)隧道勘探。隧道勘探采用机械钻探,每座隧道布置2~3个孔,隧道洞口位置各布设1个钻孔,洞身典型位置根据需要布置1个孔。

1.3.2　勘察方法

(1)钻探。钻探采用长沙探矿厂生产的GY-1型液压回转式钻机,合金钻头或金刚石钻头钻进,泥浆或套管护壁,钻孔开孔孔径为130 mm,终孔孔径为110 mm。

(2)取样。取样采用机械回转式全孔取芯方法,岩心采取率在黏性土地层中达到90%以上。

(3)原位测试。原位测试采用标准贯入方法,在黏性土中进行标准贯入试验。

(4)室内试验。按规范进行室内试验。

1.4　勘察工作量

本次工程地质勘察共完成勘探孔135个,进尺2 233.40 m,采取原状土样116件,在钻孔中进行标准贯入试验10次。勘察工作量详见表1。

表1　勘察工作量一览表

序号	工作内容		单位	工作量
1	机械钻探		m/孔	2 233.4/135
2	标准贯入试验		次/孔	10/4
3	取试样	原状土样	件	116
4	室内试验	常规试验	件	116
		直剪试验	组	116

2 区域地质概况

2.1 自然地理条件

2.1.1 地形地貌

拟建项目所在区处于云贵高原台地与广西丘陵山区过度的斜坡地带，地貌主要受岩性和构造控制，根据地貌成因及形态组合将项目所在区地貌划分为侵蚀—溶蚀及构造—侵蚀两大地貌类型。

2.1.1.1 侵蚀—溶蚀地貌

(1)峰丛洼地—谷地。峰丛洼地—谷地分布于明仕河以西至伏龙—福新一线以南与下雷一带，主要由星散状分布的小洼地和簇峰组成，间以深切峡谷为其主要景观。簇峰标高一般为700～750 m，地层主要由中泥盆统石灰岩、白云岩等组成，谷底、洼地标高一般为400～500 m，洼地中一般有厚度不大的坡积黏性土夹碎块覆盖，具有消水漏斗或溶井，是降雨集中渗漏的通道。

(2)峰林谷地。峰林谷地分布于明仕河以东，主要表现为山峰似树林立，间以发育的谷地，洼地少见。峰顶标高一般为550～650 m，地层主要由中泥盆统石灰岩、白云岩等组成，谷底标高一般为300～450 m，坡积、洪积黏土覆盖普遍。谷地两边常为地下河出口的汇流带，溶井、溶潭、漏斗分布较普遍。

2.1.1.2 构造—侵蚀地貌

构造—侵蚀地貌分布于项目区西北部灯草岭—四城岭一带，构造上处于四城岭背斜，背斜隆起，地形突出，形态特征表现为中低山，山脉走向与构造线方向一致，为局部地表水和地下水的分水岭，山顶标高800～1 000 m以上，出露的地层为寒武系、泥盆系下统的砂岩夹砾岩、泥质页岩等，坡度一般为18°～25°，沟谷切割深度为150～200 m，切割密度平均3～5条/km²，地表沟水发育，谷底平均坡降3‰，坡脚处普遍为残积、坡积覆盖，厚度1～3 m。

2.1.1.3 岩溶个体形态

拟建项目所在区岩溶个体形态发育较全，主要包括有岩溶洼地、岩溶谷地(线状谷地、网状谷地、槽状谷地等)、溶井和溶斗(消水溶井或漏斗、溢洪溶井或漏斗)、水平溶洞(长期充水溶洞、季节性充水溶洞、不充水溶洞等)。

2.1.2 气象

拟建项目所在区位于云贵高原台地的前缘，属季风型亚热带气候，高温多雨，终年少见霜雪。常年平均气温为19.1 ℃～21.3 ℃，历年极端最高气温为38.5 ℃，历年极端最低气温为—1.9 ℃，一月最低平均气温为10.9 ℃，七月最高平均气温为25.1 ℃，年平均降雨量为1 810.4 mm，历年最大降雨量为2 704.4 mm，历年最小降雨量为1 060.2 mm，降雨季节一般在5—9月，其降雨量约占全年平均降雨量的77%，历年平均蒸发量为1 201.1 mm，最大为1 370.8 mm，最小为1 022.9 mm。

2.1.3　水系

拟建项目所在区地表水系不甚发育，较大的地表河流仅有黑水河，是由两条小河在念底附近汇合而成，往东南注入右江，年平均流量为 83.7 m^3/s，最大流量为 150 m^3/s，最小流量为 35.5 m^3/s，洪水期为 6~8 月，平水期为 5 月、9 月、10 月三个月，枯水期为 1~4 月、11 月、12 月六个月。

2.2　区域地质概况

2.2.1　地层岩性

拟建项目所在区内出露的地层有寒武系、泥盆系、石炭系、第四系等，其中以泥盆系分布最广，石炭系次之，寒武系零星分布，第四系仅在较大的岩溶谷地中分布。

(1)寒武系(∈)。零星分布于四城岭、灯草岭一带，主要发育上统(∈3)，岩性为灰白色细粒石英砂岩、粉砂岩夹页岩，厚度为 264~877 m。

(2)泥盆系(D)：上、中、下三统发育齐全。泥盆系下统郁江组(D1y)：岩性为杂色粉砂岩、石英砂岩、含砾砂岩夹泥页岩、泥质灰岩夹白云岩、灰岩等，厚度为 3~303 m。

泥盆系中统东岗岭组(D2d)：岩性为浅灰、灰黑色白云岩夹白云质灰岩、硅质灰岩，呈条带状分布，厚度为 222 m。

泥盆系上统榴江组(D3l)：岩性以浅灰、深灰色中厚层、块状灰岩为主，局部为白云岩、燧石灰岩、白云质灰岩夹硅质岩，厚度为 168~326 m。

(3)石炭系(C)：主要分布于下雷以西及太平以东等地。石炭系下统(C1)：包括岩关阶(C1y)与大塘阶(C1d)，岩性以浅灰、深灰色中厚层、块状灰岩为主，局部为白云岩、燧石灰岩、白云质灰岩夹硅质岩，厚度为 200~374 m。

石炭系中统(C2)：包括大埔组(C2d)与黄龙组(C2h)，岩性为浅灰、灰白色厚层块状白云岩、白云质灰岩、灰岩，厚度为 40~293 m。

石炭系上统(C3)：为灰白、浅灰、深灰至灰黑色中厚层、厚层块状灰岩、白云质灰岩夹白云岩，厚度 224~716 m。

(4)第四系(Q)。分布于较大的岩溶谷地的地表，为褐黄色黏土、粉质黏土，局部小河岸边夹有砂卵石层，厚度为 15~20 m。

2.2.2　地质构造

拟建项目所在区位于华南褶皱系的西南部"德保三字形"构造带的前弧东翼，主要由四城岭背斜与相关断裂构造组成。

(1)四城岭背斜。分布于四城岭—灯草岭，背斜轴向 NE56°，轴线略显向北凸出的弧形弯曲，具压扭性特征，背斜成短轴状，长 35 km。核部由寒武系构造基底组成，泥盆系呈角度不整合与其接触，轴部岩层倾角 25°~50°，两翼 10°~20°，并有与主轴平行的次级褶皱与其伴生，其西南端与北西向黑水河断裂成反接关系，且受该断裂将其西断块向南东错动 3 km。

(2)四城岭断层。位于四城岭东南松山—火龙岭一带，断裂走向 NE50°，并向东偏转呈舒缓波状，略呈向北凸出的弧形，倾向南，切割寒武系地层，与四城岭背斜轴线近似平行排列，具压扭性特征，断裂长度 15 km。

(3)芭兰—板烟断裂。为走向 NE50°～90°的弧形正断层，与德保三字形东翼成斜接，与北西向构造成反接，并受北西向断裂错开成数段，断层面倾向北西，倾角为 50°，角砾岩发育，具张扭性特征，断裂长度为 30 km。

(4)黑水河断裂。沿黑水河分布于那岸—下雷—湖润一带，断裂走向 NW45°～50°，平面上呈舒缓波状延伸，断层面倾向背东，倾角为 45°～80°，破碎带宽 60～300 m，有倾斜和水平擦痕，角砾岩呈次糜棱状，具有反斜扭动的压扭性特征，断裂长度 110 km。

2.2.3　地震活动特征

广西地震属于频度不高、强度不大、震带不多和震源浅的区域。广西地震主要分布于桂西和桂东南等地，拟建项目所在区处于广西西南部，地震频度相对较高，使局部地区的地壳受到不同程度的影响。

公元 228 年以来至今，广西共记录了有感地震 350 次以上，其中≥5 级的地震有 23 次，最大的一次为 1936 年 4 月 1 日的灵山地震，震级 6.75 级。随着时间的增加，地震的频度和强度都有增大的趋势。近百年以来，区内＞4.75 级地震和 70 年代以来 3.0 级以上的地震，展布方向呈北西向，主要分布于北西向的右江活动断裂带、南丹—昆仑关活动断裂，其北西向活动断裂是区内主要的孕震和发震的构造带。

区内地震震源深度浅，均小于 20 km，属于浅源地震，故地震产生的地面效应较强烈而波及面较小。根据《中国地震动参数区划图》(GB 18306—2001)，拟建项目所在区地震动反映谱特征周期为 0.35 s，50 年超越概率 10%地震动峰值加速度 0.05g，对应地震烈度为 6 度。

3　工程地质条件

3.1　岩土体的工程地质类型及特征

根据拟建项目区岩土体组合关系、岩石的物理力学性质、产出条件等所形成的不同的工程地质条件，将区内岩土体划分为坚硬—半坚硬碳酸盐岩类型、坚硬—半坚硬碎屑岩工程质类型及松散堆积岩工程地质类型三大类。

3.1.1　坚硬—半坚硬碳酸盐岩类

(1)坚硬碳酸盐岩类。广泛分布于项目区峰丛与峰林洼地、谷地，地层包括 D2d1、D3、D3a－b、C1－2 等强～中等岩溶化的石灰岩、白云岩组，岩性包括灰岩、白云质灰岩、碎石结核灰岩及白云岩等，岩石坚硬，抗压强度高，岩石单轴饱和抗压强度 60～137.0 MPa，岩石不易风化，但易溶蚀。

(2)半坚硬碳酸盐岩类。以条带状零散分布于下雷以西湖润一带，地层包括 D2d、D3l 等弱岩溶化的碳酸盐岩夹碎屑岩、硅质岩等，岩性包括硅质灰岩、扁豆状灰岩夹页岩，岩石软弱相间，遇水后抗压强度降低 1～2 倍，风化裂隙与层面裂隙发育，易风化，岩溶不发育。

3.1.2 坚硬—半坚硬碎屑岩工程质类

分布于灯草岭—四城岭一带中低山区，组成地层主要为寒武系、下泥盆系碎屑岩，岩性包括砂岩夹砾岩、泥质灰岩、泥质页岩等，为坚硬、半坚硬和软弱相间，岩体节理裂隙发育，易风化，抗压、抗剪强度低，泥岩遇水易软化，遇水后抗压强度普遍降低 $2\sim3$ 倍。

3.1.3 松散堆积岩工程地质类

主要分布于岩溶谷地、洼地地表，为第四系松散堆积褐黄色黏土、粉质黏土，局部小河岸边夹有砂卵石层，结构松散，厚度为 $15\sim20$ m。

3.2 工程地质结构层的划分及特征

根据外业钻探、原位测试及室内土工试验资料，本工程岩土体共划分为 14 个工程地质层，各岩土层的工程地质特征如下：

①$_1$ 填筑土 Q_4^{ml}：主要为路线与各乡间路道相交处路基，杂色，岩性成分以黏性土、砂、卵砾石为主。

①$_2$ 耕土 Q_4^{ml}：主要为水稻田耕地。

②$_1$ 高液限黏土 Q^{el+dl}：根据《公路土工试验规范》(JTJ 051—1993)定名，适用于路基及小桥、通道、涵洞处的钻孔。沿线填筑土或耕土下均有分布。局部地段表现为低液限黏土，黄褐色，可塑～硬塑，局部呈现坚硬状态。含较多锰质结核。天然含水量为 29.80%，天然孔隙比为 2.75，孔隙度为 46.10%。

②$_2$ 高液限黏土 Q^{el+dl}：根据《公路土工试验规范》(JTJ 051—1993)定名，适用于路基及小桥、通道、涵洞处的钻孔。主要分布于沿线②$_1$ 高液限黏土之下。黄褐色，软塑，局部软色，含较多锰质结核，天然含水量为 45.1%，天然孔隙比为 1.31，孔隙度为 56.6%。

②$_3$ 黏土 Q^{el+dl}：根据《公路桥涵地基与基础设计规范》(JTJ 024—1985)定名，适用于各大中桥位处的钻孔。主要分布于填筑土或耕土之下。黄褐色，可塑～硬塑。含较多锰质结核。天然含水量为 35.90%，天然孔隙比为 1.15，孔隙度为 51.9%。

③$_0$ 石灰岩 D：全风化，组织机构全部破坏，大部分风化成土状。在钻孔 49，钻孔 62，钻孔 68，钻孔 97，钻孔 98 可见，分布于②$_1$ 高液限黏土之下。

③$_1$ 石灰岩 D：微风化；灰白色；结晶质结构；岩石坚硬，破碎～较破碎，岩心呈碎块～短柱状；节理裂隙发育，方解石脉填充；岩心采取率较低。主要分布于②$_1$ 高液限黏土之下，大部分为机械破碎。

③$_2$ 石灰岩 D：微风化；灰白色；结晶质结构；岩石坚硬，完整，钻进平稳，进尺较慢，岩心呈长柱状；节理裂隙发育，方解石脉填充。主要分布于②$_1$ 高液限黏土和③$_1$ 石灰岩之下。

③$_3$ 石灰岩 D：微风化；浅灰～粉红色；坚硬，较破碎；节理、裂隙十分发育，胶结差，铁氧化物浸染，方解石脉发育；岩心呈短柱状和碎块状为主，其破碎以溶蚀破碎为主，岩心采取率很低。

③$_4$ 石灰岩 D：微风化；浅灰～粉红色；坚硬，较完整；裂隙发育，铁氧化物浸染，方

解石脉发育；岩心呈短柱状为主；采取率较低。

③₅ 石灰岩 D：硅质，微风化。岩性硬、脆。岩心多呈短柱状。发育方解石脉。

④溶洞。

⑤泥岩。浅灰色。可细分为全风化⑤₀、中风化⑤₁、弱风化⑤₂，只在钻孔 4 与钻孔 19 中见。

3.3 水文地质特征

3.3.1 水文地质划分

根据项目区地层岩性、地下水赋存条件和水动力特征，将项目区地下水划分为碳酸盐岩岩溶水、基岩裂隙水两大类。

(1)碳酸盐岩岩溶水。为拟建项目区分布最广的地下水类型，地下水赋存、运移于峰丛洼地、谷地区与峰林谷地区碳酸盐岩组的管道溶洞、裂隙溶洞和溶洞裂隙中。以暗河、大泉形式的集中径流、排泄为主，以小泉形式的分散径流、排泄次之，出露形式除泉、暗河出口流出地表外，多数是以天窗、溶井、溶潭等不同形式暴露地表，其补给来源主要为降雨补给，其次为地表水补给。

碳酸盐岩岩溶水受含水岩组、构造、地貌等因素影响，其富水程度各不相同。分布于峰丛洼地、谷地区和峰林谷地区的管道岩溶水，以管道形式集中径流、排泄为特点，主要以暗河和大泉为其代表的一种地下水线状富集类型，含水量丰富。分布于四城岭背斜边缘的白云岩组，一般多以溶井、溶潭和中泉的形式出露于谷地中，含水量中等。赋存于碳酸盐岩夹碎屑岩中的岩溶水，以分散性的裂隙式的缓慢补给、径流、排泄为主，出露形式多为小型溶井和小泉，含水量微弱。

(2)基岩裂隙水。分布于四城岭背斜中低山区，地下水赋存于寒武系、泥盆系砂岩、砾岩夹页岩风化裂隙中，以沿裂隙分散缓慢补给、径流、排泄为特征，多以小泉的形式出露在沟谷水的源头或谷坡上残堆积层与基岩接触处，流量多在 1 L/s 以下，含水量弱～中等。

3.3.2 地下水化学特征

碳酸盐岩岩溶水化学类型以 HCO_3-Ca 型水为主，基岩裂隙水以 HCO_3-Ca.Mg 型水为主，由于项目区多属峰丛、峰林山区，降雨充沛，地下水循环条件良好，矿化度较低，pH 值为 7.94～8.27。均属低矿化度弱碱性水。

据水质分析结果，场地地下水对混凝土结构、混凝土中的钢筋和钢结构无腐蚀性。

3.4 不良地质与特殊性岩土

项目所在区不良地质现象主要有岩溶、滑坡、斜坡崩塌等，特殊性岩土主要有弱膨胀土与软弱地基土。

3.4.1 岩溶

项目所在区以岩溶地貌为主，岩溶地区岩性以石炭系、泥盆系中厚层灰岩、白云质灰岩为主，岩溶发育中等～强烈，常见的形态有塌陷、溶斗、落水洞、溶井、地下暗河等，公路路基的主要工程地质问题为由于地下岩溶水的活动，或因地面的消水洞穴阻塞，导致路基基底冒水、水淹路基、水冲路基以及隧道涌水等病害，或由于地下洞穴顶板坍塌，引起位于其上的路基及其附属构造物发生坍陷、下沉或开裂。

3.4.2 滑坡

项目所在区较大规模滑坡分布较少，在岩溶与非岩溶地层接触处，由于黏土碎块组成的残积坡积层与基岩的接触面，其倾向与岩层和斜坡相同，为顺层坡，由于地下水的影响，路基开挖破坏了斜坡土体在自然状态下的平衡状态，易形成滑坡。路基边坡建议采用骨架护坡、挂网混喷及实体护面墙、挡土墙等措施进行防护与支挡。

3.4.3 斜坡崩塌

在开挖路基的斜坡部位，斜坡上覆盖的黏土夹残坡积层，顺基岩接触面或与斜坡倾向一致的裂隙面、层面，在路基开挖后，易产生崩塌。

3.4.4 弱膨胀土

分布于碳酸盐岩发育区，由碳酸盐岩残积高液限黏土组成，覆盖于强岩溶化岩组之上，具有弱膨胀性，厚度为 $3\sim8$ m，主要工程地质问题为由于土的胀缩作用而产生的地基变形及边坡稳定问题，可采用地基土换填、边坡支挡、护坡，设置完善的防排水系统。

3.4.5 软弱地基土

分布于洼地、水田地带，由于地势低洼、地下水丰富或地表积水，长期受水浸泡，造成土质软化剂有机物淤积。项目区软弱地基土岩性主要以淤泥、淤泥质黏土、饱和黏性土为主，多呈软塑～流塑状，厚度一般为 $0.5\sim3.5$ m，力学强度低，稳定性差，为中～高压缩土，需进行挖除换填处理。

3.5 工程地质分段特征

根据拟建项目所在区地貌成因类型、组合形式及岩土体工程地质类型，结合岩土体物理力学性质，将项目区划分为岩溶工程地质区和非岩溶工程地质区。

3.5.1 岩溶工程地质区（Ⅰ）

分布于四城岭背斜东西两侧，可划分为峰丛洼地、谷地工程地质亚区（I_1）和峰林谷地工程地质亚区（I_2）

(1)峰丛洼地、谷地工程地质亚区（I_1）。分布于四城岭背斜以东黑水河两岸一带及以西下雷一带，区内几乎全为裸露的石灰岩山区，谷地狭窄，洼地星罗棋布，土层薄脊，竖井漏斗等消水洞发育，主要工程地质问题是岩溶塌陷、岩崩。

(2)峰林谷地工程地质亚区（I_2）。分布于明仕河以东南，为半覆盖型山区，谷地宽且较为平坦，第四系覆盖面积广，表层岩溶发育，土层薄、水位浅，其主要的工程地质问题为岩溶塌陷。

3.5.2 非岩溶工程地质区（Ⅱ）

分布于四城岭一带中低山区，沟谷发育，切割深度为 $150\sim200$ m，坡度较陡（$22°\sim27°$），地表水发育，残坡积层发育，边坡较陡，岩层软弱相间，易产生坡残积物沿基岩面滑塌现象。

3.6 主要构造物的工程地质条件

3.6.1 K0+950 路柳大桥

中心桩号 K0+950，路线跨越雷平黑水河，桥址区由 4 个工程地质结构层组成。

(1)表土：黑水河左岸为填筑土$①_1$，杂色，含少量碎石；黑水河右岸为耕土$①_2$。

(2)黏土$②_1$：分布于(1)层表土之下，黄褐色，可塑～硬塑。$[\sigma_0]=180$ kPa，$[\tau_i]=70$ kPa。

(3)石灰岩$③_1$：灰白色，岩石坚硬，较破碎，岩心呈碎块或短柱状；节理裂隙发育，方解石脉填充；岩心采取率较低。黑水河东岸分布于高液限黏土$②_1$ 之下与石灰岩$③_2$ 之下，黑水河西岸分布于黏土$②_1$ 之下，$[\sigma_0]=2\ 500$ kPa。

(4)石灰岩$③_2$：灰白色，岩石坚硬，完整，钻进平稳，进尺较慢，岩心呈长柱状；节理裂隙发育，方解石脉填充。分布于高液限黏土$②_1$ 之下。$[\sigma_0]=3\ 300$ kPa。

桥梁基础类型建议采用钻孔灌注桩，石灰岩$③_2$ 可作为桩基持力层。

3.6.2 K24+925 明仕中桥

中心桩号 K24+925，路线跨越明仕河，桥址区由 4 个工程地质结构层组成。

(1)耕土$①_2$：明仕河左右两岸均有分布。

(2)黏土$②_3$：分布于耕土$①_2$ 之下，黄褐色，以可塑为主，局部硬塑，含锰质结核。$[\sigma_0]=180$ kPa，$[\tau_i]=70$ kPa。

(3)石灰岩$③_3$：微风化；粉红色；坚硬，较破碎；节理、裂隙十分发育，胶结差，铁氧化物浸染，方解石脉发育；岩心呈短柱状和碎块状为主，其破碎以溶蚀破碎为主，岩心采取率很低。$[\sigma_0]=2\ 000$ kPa。

(4)石灰岩$③_4$：微风化；浅灰～粉红色；坚硬，较完整；裂隙发育，铁氧化物浸染，方解石脉发育；岩心呈短柱状为主；采取率较低。$[\sigma_0]=3\ 000$ kPa。

桥梁基础类型建议采用钻孔灌注桩或墩基础，石灰岩$③_4$，地基强度高，可作为桩基持力层。

3.6.3 K35+768 岩应大桥

中心桩号 K35+768，桥址区由 4 个工程地质结构层组成。

(1)填筑土$①_1$：杂色，不均匀，混较多碎石。沿桥址均有分布，厚度为 1.20～2.70 m。

(2)黏土$②_3$：黄褐色，以可塑为主，局部硬塑，含锰质结核。分布于填筑土$①_1$ 之下，厚度为 7.40～11.20 m，$[\sigma_0]=180$ kPa，$[\tau_i]=70$ kPa。

(3)石灰岩$③_3$：微风化；粉红色；坚硬，较破碎；节理、裂隙发育，铁氧化物浸染，方解石脉发育；岩心呈短柱状和碎块状为主，其破碎以溶蚀破碎为主，岩心采取率较低。主要分布于黏土$②_3$ 之下，沿桥址均有分布。$[\sigma_0]=2\ 000$ kPa。

(4)石灰岩$③_4$：微风化；浅灰～粉红色；坚硬，较完整；裂隙发育，铁氧化物浸染，方解石脉发育；岩心呈短柱状为主；采取率较低。分布于石灰岩$③_3$，$[\sigma_0]=3\ 000$ kPa。

桥梁基础类型建议采用钻孔灌注桩或墩基础，石灰岩$③_4$，地基强度高，可作为桩基持力层，局部可采用石灰岩③₃作为持力层。

3.6.4　K42+208 归春河大桥

中心桩号 K42+208，桥址区由 6 个工程地质结构层组成。

(1)填筑土$①_1$：杂色，不均匀，混较多碎石。分布于归春河两岸，厚度为 2.30～4.50 m。

(2)石灰岩$③_0$：全风化。组织机构全部破坏，大部分风化成土状。主要在桥址中部分布，厚度为 2.50～2.80 m。$[\sigma_0]=200$ kPa。

(3)石灰岩$③_3$：微风化；粉红色；坚硬，较破碎；节理、裂隙发育，铁氧化物浸染，方解石脉发育；岩心呈短柱状和碎块状为主，其破碎以溶蚀破碎为主，岩心采取率较低。主要分布于归春河两岸，填筑土$①_2$之下。$[\sigma_0]=2\,000$ kPa。

(4)石灰岩$③_2$：微风化；灰白色；结晶质结构；岩石坚硬，完整，钻进平稳，进尺较慢，岩心呈长柱状；节理裂隙发育，方解石脉填充。主要分布于归春河右岸与中部，石灰岩$③_3$之下。$[\sigma_0]=3\,300$ kPa。

(5)石灰岩$③_4$：微风化；粉红色；坚硬，较完整；裂隙发育，铁氧化物浸染，方解石脉发育；岩心呈短柱状为主；采取率较低。分布于石灰岩$③_3$之下，$[\sigma_0]=3\,000$ kPa。

(6)石灰岩$③_5$：硅质，灰黑色；坚硬，性脆；进尺较慢，岩心呈短柱状；节理裂隙发育，方解石脉填充。主要分布于桥址中部与西部。$[\sigma_0]=3\,500$ kPa。

桥梁基础类型建议采用钻孔灌注桩或墩基础，石灰岩$③_4$，石灰岩$③_5$，地基强度高，可作为桩基持力层。

3.6.5　K42+859 下雷河中桥

中心桩号 K42+85，横跨黑水河，桥址区由 3 个工程地质结构层组成。

(1)填筑土$①_1$：杂色，不均匀，混较多碎石。黑水河两岸均有分布，厚度为 1.70～2.10 m。

(2)石灰岩$③_1$：灰白色，岩石坚硬，较破碎，岩心呈碎块或短柱状；节理裂隙发育，方解石脉填充；岩心采取率较低。分布于黑水河左岸填筑土$①_1$之下，与溶洞互层，$[\sigma_0]=2\,500$ kPa。

(3)石灰岩$③_2$：灰白色，岩石坚硬，完整，钻进平稳，进尺较慢，岩心呈长柱状；节理裂隙发育，方解石脉填充。黑水河右岸分布于高液限黏土$②_1$之下，黑水河左岸分布于灰岩$③_1$之下。$[\sigma_0]=3\,300$ kPa。

桥梁基础类型黑水河右岸建议采用钻孔灌注桩，石灰岩$③_4$地基强度高，可作为桩基持力层；黑水河左岸建议采用墩基础，石灰岩$③_1$作为持力层。

3.6.6　K48+200 旁屯中桥

中心桩号 K48+200，横跨黑水河，桥址区由 4 个工程地质结构层组成。

(1)耕土$①_2$：杂色，不均。黑水河两岸均有分布，厚度为 0.80～1.20 m。

(2)黏土$②_3$：黄褐色，以可塑为主，局部硬塑，含锰质结核。分布于黑水河两岸，耕土①$_2$ 之下，厚度为 7.80～9.20 m，$[\sigma_0]$＝180 kPa，$[\tau_i]$＝70 kPa。

(3)石灰岩③$_1$：灰色，岩石坚硬，较破碎，岩心呈碎块或短柱状；节理裂隙发育，方解石脉填充；岩心采取率较低。分布于黑水河两岸，黏土②$_3$ 之下，$[\sigma_0]$＝2 500 kPa。

(4)石灰岩③$_2$：灰白色，岩石坚硬，完整，钻进平稳，进尺较慢，岩心呈长柱状；节理裂隙发育，方解石脉填充。分布于黑水河两岸均，石灰岩③$_1$ 之下。$[\sigma_0]$＝3 300 kPa。

桥梁基础类型建议采用钻孔灌注桩，石灰岩③$_2$ 地基强度高，可作为桩基持力层。

3.6.7 小桥涵工程地质条件

本路线共布置小桥 13 座，小桥的工程地质条件评价详见"小桥涵工程地质条件表"。

4 路基工程地质评价

详见"路基工程地质条件分段说明"。

5 结论与建议

5.1 结论

(1)查明了路线区的工程地质条件，为确定公路路线和构造物的设计提供了完备的工程地质资料。

(2)查明了各大、中、小桥、通道及涵洞等构造物地基的地层结构、工程地质条件及水文地质。

(3)详细查明了不良地质现象及特殊性岩土的分布范围、性质、规模，评价了对工程的危害程度，提出了治理方案建议。

5.2 建议

(1)建议路线区的大桥、中桥采用钻孔灌注桩基础或墩基础，小桥等采用钻孔灌注桩基础或浅埋基础。

(2)路基开挖后应认真做好钎探工作，点距宜为 3～4 m，深度应不小于 4 m 或至基岩面。若手工钎探困难时可代以机械钎探，当遇软弱土层、土洞时应探明其底界和分布范围。

(3)场地大部分区段位于相对稳定地段，但存在影响场地稳定的不利因素，如土洞、溶洞、下卧软土、岩体破碎带等，需进行相应的处理。

(4)场地内地下水对混凝土不具腐蚀性。

小 结

本任务主要介绍了公路工程地质勘察的基本方法和工程地质勘察报告的主要内容，其主要内容见表 11-5。

表 11-5　本任务主要内容

章　节	主要内容
第一节 工程地质勘察的任务和阶段划分	一、工程地质勘察的目的和任务 二、工程地质勘察阶段的划分(可行性研究阶段；初步工程地质勘察；详细工程地质勘察)

章　节	主要内容
第二节 公路工程地质勘察的主要方法	一、工程地质测绘：1. 路线测绘法（路线穿越法；界线追索法）；2. 地质点测绘法
	二、工程地质勘探：1. 坑探；2. 钻探；3. 物探
	三、工程地质试验及长期观测
	四、勘察资料整理：1. 工程地质报告书的编写；2. 工程地质图件

📖 复习思考题

1. 简述公路工程地质勘察的划分及各勘察阶段的特点。

2. 工程地质勘察方法有哪些？各种方法分别解决哪些问题？

3. 工程地质钻探可以解决哪些问题？

4. 岩心采取率及岩心获得率如何统计？RQD 值如何确定？有何实际意义？

5. 什么是物探？常用的物探方法有哪些？工程地质勘察工作可否只进行物探，原因是什么？

6. 现场原位测试方法主要有哪些？

7. 工程地质勘察报告书包括哪些内容？

项目3　工程地质技能训练

任务12　实验室实训项目

◉**技能目标**

能够认识常见矿物、三大岩石的基本特征。

12.1　矿物标本认识

1. 实验目的和要求

学习肉眼鉴定矿物的主要方法、手段，即观察矿物的形态，测定矿物的物理性质，在此基础上认识一些不同类型的矿物。

2. 实验前准备

(1)通知学生复习课堂教学中有关矿物部分。

(2)教师准备好本次实验用的矿物标本、实验工具和试剂。

①标本：橄榄石、辉石、角闪石、云母、正长石、斜长石、石英、方解石、白云石、黄铁矿、磁铁矿、方铅矿、石膏、石墨、萤石等。观察矿物形态的标本应该与测试用的标本分开。

工具和试剂：放大镜、小刀、条痕板、磁铁、稀盐酸(5%)。

②教学挂图或幻灯。教师自己选择，必要时可将重要问题和插图于课前书写在黑板上或用多媒体幻灯演示。

3. 实验步骤

(1)教师讲述和演示阶段。首次实验课应给学生介绍实验室的主要规章和制度，然后用演示矿物的形态和测试矿物物理性质的方法强调，肉眼鉴定矿物的方法是最基本、最直观的，也是最简便省钱的有效方法，它可以为进一步认识和发现新矿物提出必要的测试手段。以典型矿物说明矿物的物理性质，如颜色、光泽、透明度等。演示矿物的其他性质以磁铁矿、方解石、石墨等矿物说明矿物的磁性、滑感、染手及与稀盐酸的化学反应。

（2）学生观察实验阶段。学生自己观察矿物的形态和物理性质；教师进行辅导，发现问题及时提示。一般应注意以下几个问题：

①有些标本上不止一种矿物。观察时要选准标签上书写的矿物，不能随意找一个矿物进行实验。

②观察矿物时要知道它是哪种化合物及其主要元素。

③比较矿物的硬度时，刻划要细，用力适度，不能用力过猛，否则将变成了抗冲击的能力。

④注意以下几个性质的区别：

a. 光泽和颜色不能相混；

b. 矿物的单体形态不要与集合体形态相混；

c. 单矿物的断口与矿物集合体的破裂面要相区别。

4. 重点和难点

重点：学会肉眼识别矿物的方法。特别注意观察最重要的7～8种造岩矿物，为岩石实验课打下一定基础。

难点：总结不同类型矿物物理性质的异同点。理解和掌握矿物的鉴定特征，首先抓住矿物某2～3个特殊的物理性质和形态即可与其他矿物相区别。另一方面，要重视相似矿物的区分和鉴别，例如，辉石与角闪石都呈柱状，其他物理性质相似，唯横断面的形态和两组解理的夹角不同，鉴定它们时要找寻横断面。

5. 填写实验报告

学生将观察和实验过程中得到的资料，填写在实验报告表（表12-1）中，在下课时统一由组长交给指导教师。

表12-1　实验一　认识矿物（鉴定表）

姓名：　　　　　班级：

标本号	矿物名称	形态		颜色	条痕	光泽	硬度	解理	断口	其他
		单体	集合体							

时间：　　年　月　日

6. 思考题

(1)条痕在哪些类型的矿物中有重要的鉴定意义？

(2)方解石、白云石是哪种类型矿物？它们的主要鉴定特征有哪些？这两种矿物应怎样区别？

(3)地球上最重要的造岩矿物有哪些？（试说出 8～9 种）

12.2 岩浆岩鉴别

1. **实验目的和要求**

根据岩浆岩的定义来理解本类岩石的特点；从观察岩石的颜色、结构构造、矿物成分学会肉眼鉴定岩浆岩的方法。

2. **实验前准备**

(1)通知学生复习岩浆作用和岩浆岩；预习实验指导书(实验一)。

(2)教师按教学大纲要求准备实验用实验工具(放大镜、小刀)及下列岩石标本：纯橄榄岩、辉长岩、玄武岩、闪长岩、闪长玢岩、安山岩、花岗岩、花岗斑岩、流纹岩等。

3. **实验步骤**

(1)教师讲解阶段(10 分钟)。岩浆岩是炽热的硅酸盐熔浆结晶冷凝形成的岩石。它因形成深度不同，结晶条件各异，因此，岩石的矿物成分和结构构造是鉴定其类型的主要依据，岩石的颜色取决于暗色矿物的多少，它是鉴定岩浆岩的宏观标志之一。

①岩浆岩的化学成分、矿物组合规律及颜色的变化规律见表 12-2。

表 12-2 岩浆岩的化学成分、矿物组合规律

岩石类型	超基性岩	基性岩	中性岩	酸性岩
岩石名称	橄榄岩、辉石岩、苦橄岩、金伯利岩	辉长岩、辉绿岩、玄武岩	闪长岩、闪长玢岩、安山岩	花岗岩、花岗斑岩、流纹岩
SiO_2 的饱和程度	强烈不饱和、贫 SiO_2	不饱和→饱和、少有石英	饱和→过饱和、石英含量少	强烈过饱和、游离石英>20%
造岩元素含量的变化	Fe Mg Cu→Fe Mg Cu Al→Fe Ca Al Na→Ca Na K Al+SiO_2			
岩石颜色的变化	深(绿黑)→暗(绿灰)→中色(灰色)→浅色(肉红、灰白)			
矿物组合变化	橄榄石、辉石(无石英)	辉石、富钙斜长石、角闪石(基本无石英)	钙钠中等的斜长石、角闪石(少石英、黑云母)	富钠斜长石、正长石，石英大量出现

②岩浆岩形成深度与结构构造的变化规律见表 12-3。

180

表 12-3　岩浆岩形成深度与结构构造的变化规律

岩浆岩的形成深度	深至中深成岩地表下 10～31 km	浅成岩 3 km→地表下	喷出岩地表面上
岩浆岩的结构特点	全晶质、粗粒、中粒结构、似斑状结构	全晶质细粒、斑状、隐晶结构	隐晶质、玻璃质结构
岩浆岩的构造特点	块状构造	块状构造、角砾状构造	流纹状、气孔状、杏仁状、枕状

(2)观察实验阶段。以花岗岩为例说明肉眼鉴定岩浆岩的方法步骤。此标本为灰白或微带肉红色，属浅色岩石，可能是酸性的或中酸性的岩石，而且是全晶质的，然后利用学过的认识矿物的技能来确定矿物的种类有正长石、石英、斜长石、白云母等，利用目估法估计各矿物的百分含量为：正长石 60％、石英 25％、斜长石 10％、白云母 3％、其他 2％。主要矿物的颗粒的直径多在 5～6 mm，岩石具块状构造。根据以上观察资料，查找岩浆分类表及地球科学概论实验指导书有关常见岩浆岩的描述部分，可以确定此岩石定名为粗粒花岗岩。

(3)观察岩浆岩时应注意的几个问题：

①岩石的颜色是一个综合色调，如辉长岩属暗色，近似于灰绿色。

②利用岩浆岩矿物共生和不相容的关系，可以帮助认识岩石的大类。橄榄岩中的橄榄石、辉石、角闪石可以共生，辉石与富钙的斜长石、角闪石共生，超基性岩中不会出现石英，如果岩石中大量出现石英而且与正长石、云母等矿物共生时应当为酸性岩类。

③喷出岩矿物结晶条件差，常以隐晶质或玻璃质的状态出现，肉眼很难定出矿物成分，有时可见到少许斑晶。斑晶的矿物成分能判断岩石的大类，长条状斜长石多出现在玄武岩中，具环带构造的斜长石斑晶常常与具暗化边的角闪石在一起出现，它们可能属安山岩，透长石和石英斑晶的出现，当属酸性岩。

④SiO_2(二氧化硅)与石英是两个概念，前者多指岩石中的化学成分，后者是矿物。

4. 重点和难点

重点：①从理解岩浆岩的概念开始可以认定岩浆岩的矿物绝大多数是硅酸盐，为 7～10 种。②从岩浆岩的形成条件和环境可以确认它的结构和构造(高温熔融体缓慢结晶→快速冷凝形成不同结构构造的岩石)。③岩浆岩的颜色是岩石中暗色矿物含量的多少，是岩石中宏观的体现。根据以上三点，知道了岩石的颜色、矿物成分和结构构造，即可反演推论其化学成分及形成环境，来确定岩石的种类。

难点：矿物成分的确定仍然是难点；喷出岩的物质成分难以用肉眼鉴定。

5. 填写实验报告

在教师指导下对指定岩石标本进行观察后记录在实验报告表(表 12-4)中。

表 12-4　实验二　认识岩浆岩

姓名：　　　　　　班级：

标本号	岩石名称	颜色	碎屑物成分	胶结物成分	结构	构造	其他特征

6. 思考题

岩浆岩可以变成沉积岩吗？

12.3　沉积岩鉴别

1. 实验目的和要求

通过对沉积岩标本的观察，掌握沉积岩的主要特征；加深对沉积、成岩作用的理解，初步学会肉眼鉴定沉积岩的主要方法。

2. 实验前准备

(1)让学生复习教材中"沉积作用和沉积岩"，预习实验指导书(实验二)。

(2)标本：

砾岩、石英砂岩、长石砂岩、页岩、油页岩、石灰岩、鲕粒灰岩、豆粒灰岩、生物碎屑灰岩、层理、波痕、交错层理、结核、古生物等。

(3)工具和试剂：放大镜、小刀、稀盐酸(5%)。

3. 实验步骤

(1)教师重点讲述沉积作用和沉积岩最基本的几个问题。

①沉积岩的物质成分大致来源于三个部分：母岩风化破坏后最终残存的主要产物是长石、石英、硅质岩屑、泥质；火山喷出的碎屑物——岩屑、玻屑、晶屑(石英、长石)；沉积盆地中自生的矿物——碳酸盐、硫酸盐、磷酸盐、卤化物和有机物及硅质。所以说沉积岩最主要的造岩矿物仅 20 余种，它们是长石、石英、水云母、方解石、含铝铁锰的氧化物、有机物等，局部地区出现火山碎屑和稳定的岩石碎屑。②沉积岩的结构是沉积岩分类

定名的主要依据之一，大体可分为碎屑结构和非碎屑结构。沉积岩的颜色可以帮助我们判别岩石的矿物成分并可推测岩石的形成环境。

（2）学生鉴别沉积岩的方法和步骤。

①首先观察岩石的结构。如果岩石为碎屑结构，还要看碎屑颗粒的大小、形态及其他特点，确定其成分和含量，最后观察胶结物的成分。根据上述特征先查阅碎屑岩分类命名的资料，便可对岩石命名。

碎屑岩一般命名的原则有下述几种情况：

结构＋成分（石英含量＞95％）＝中粒石英砂岩

颜色＋结构＋成分＝灰色中粒石英砂岩

结构＋胶结物＋碎屑成分＝中粒钙质石英砂岩

②如果岩石为非碎屑结构，也不是结晶结构，且质地细，那可能是泥质结构。泥质的矿物成分肉眼难以分辨，如能确认部分物质是炭质、钙质，可命名为炭质泥岩或钙质泥岩。上述岩石如有页理构造时可称为炭质页岩或钙质页岩。

③如果岩石中的碎屑颗粒和胶结物都是方解石时，根据颗粒的特点可分别命名为砂屑灰岩、鲕粒灰岩、生物碎屑灰岩等。

④肉眼鉴定时注意的问题：

a. 碎屑岩中石英和硅质岩岩屑硬度大，颗粒断口呈油质光泽，无解理。

b. 当碎屑中长石含量多时，断面上常可以见到矿物的解理面，如果岩石有风化，标本上常可看到一些小白点（高岭土）。

c. 鉴定沉积岩时用简易的化学试剂非常重要，特别是 5％的稀盐酸除能区别白云石和方解石外，对确定泥质岩和砂砾岩的胶结物成分也很重要。

d. 碳酸盐岩和部分泥质岩的硬度小于小刀。

e. 注意沉积岩中有无化石。

4. 重点和难点

重点：认识沉积岩的结构和物质成分，其中最重要的是碎屑结构。

难点：自然界有 3 000 多种矿物，为什么沉积岩中常见的矿物只有几十种？

5. 填写实验报告

学生将观察和实验过程中得到的资料，填写在实验报告表（表 12-5）中，在下课时统一由组长交给指导教师。

表 12-5　实验三　认识沉积岩

姓名：　　　　班级：

标本号	岩石名称	颜色	碎屑物成分	胶结物成分	结构	沉积环境	其他特征

标本号	岩石名称	颜色	碎屑物成分	胶结物成分	结构	沉积环境	其他特征

6. 思考题

火山喷出的火山角砾、火山灰、火山尘堆积形成的岩石应归入三大岩类中的哪一类?

12.4 变质岩鉴别

1. 实验目的和要求

认识变质岩的主要特征,初步学会用肉眼鉴定变质岩的方法,加深对变质作用的理解。

2. 实验前准备

(1)通知学生复习变质作用的基本概念。

(2)观察用标本:石英岩、大理岩、板岩、千枚岩、片岩、片麻岩、角岩、矽卡岩、红柱石、矽线石、蓝晶石、石榴子石等。

(3)实验用工具:小刀、放大镜、稀盐酸(5%)。

3. 实验步骤

(1)教师重点讲解阶段。

①变质岩及变质作用的因素:原岩在温度、压力、化学活动流体的影响下新形成的岩石。

②变质岩形成的条件与岩浆岩、沉积岩的差异及两重性:变质作用一般是在固态条件下发生;而岩浆作用是在炽热熔融状态下进行。沉积作用是在地球表面常温常压或低温低压下进行的。变质作用的温度、压力、化学活动流体作用均比沉积作用高。

因此,变质岩与岩浆岩、沉积岩的结构、构造有明显的不同。但是,由于原岩的继承性和变质作用的程度不同,它们有时像岩浆岩(矿物的结晶),有时又像沉积岩。只要抓住变质的构造、结构和矿物组成,确定和鉴别它们是可行的。

(2)观察鉴定变质岩标本方法。

①首先观察变质岩的构造和结构:岩石有无定向构造;岩石是结晶的还是不结晶的。有明显定向构造的全结晶的岩石有:片状构造绿泥石片岩、云母片岩、片麻状构造片麻岩、

混合岩。

②有定向构造无结晶矿物或微晶及部分结晶的岩石：可能是板岩、千枚岩、糜棱岩；无定向构造(块状)结晶的岩石：可能是石英岩、大理岩，如果矿物成分复杂有可能是角岩、矽卡岩。

(3)观察鉴定变质岩石的矿物成分。

①变质岩中特有的矿物：石墨、滑石、蛇纹石、红柱石、矽线石、蓝晶石、堇青石、硅灰石、蓝闪石。

②在岩浆岩、沉积岩、变质岩中均出现的矿物：长石、石英、云母、方解石。角闪石、辉石和镁橄榄石不出现在沉积岩中，但黄土例外。可以看出，变质岩的矿物组成要比沉积岩、岩浆岩复杂得多，但是它们有一定的组合规律。

(4)鉴定变质岩时应注意的问题：

①注意区别岩浆岩中的斑状结构与变质岩的斑状变晶结构。岩浆岩中的斑晶主要是长石、石英、角闪石、辉石。变斑晶常常是石榴石、红柱石、蓝晶石、方柱石等，且多具片状和片麻状构造。

②注意区分片理构造与沉积岩的层理构造。

4. 重点和难点

重点：变质岩的结构、构造与变质作用的因素及其强度密切相关，是划分变质岩类型的重要依据。变质矿物组合与特征变质矿物相结合，是鉴定变质岩的重要依据。

难点：区别岩浆岩、沉积岩和变质岩这三大类岩石。

5. 填写实验报告

在教师指导下，对指定观察的标本进行鉴定并填写实验报告(表12-6)。

表12-6　实验四　认识变质岩

姓名：　　　　　班级：

标本号	岩石名称	颜色	碎屑物成分	胶结物成分	结构	构造	其他特征

6. 思考题

岩浆岩、沉积岩、变质岩能互相转化吗？转换的主要条件是什么？

12.5 地质构造鉴别

1. 实验目的和要求

(1)认识岩层的褶皱、断层、节理的主要特征。

(2)认识地层、岩石间接触关系的种类，结合褶皱、断裂、岩浆活动建立地质体的时空概念。

(3)认识几种动力变质岩。

学习使用地质罗盘测量地层(模型)产状的三个要素。

2. 实验前准备

(1)让学生复习地壳运动的基本概念，预习褶皱的要素、断层的特征。

(2)地质构造模型(褶皱和断层几何要素、褶皱和断层的类型和性质、地层的接触关系)、标本(构造角砾岩、麻棱岩、碎斑岩等)。

(3)工具小刀、放大镜、稀盐酸、地质罗盘。

3. 实验步骤

(1)介绍主要构造模型(学生以听和看为主)。

(2)介绍岩层的几种产出状态及产状要素。

(3)展示褶皱几何要素。

(4)展示褶皱的基本类型——背斜、向斜。如何判断褶皱的存在和基本类型：地层新、老叠置的对称分布，从核到翼部地层是由老变新，应该是背斜，反之则是向斜。正常叠置分布的地层(上新下老)向上拱曲的是背斜，向下弯曲的是向斜。

(5)展示断层：断层要素断层面、断层带和断层线、断盘(上盘、下盘)、断距等。断层的基本类型：正断层、逆断层、平移断层。

(6)在教师的示范指导下学习使用地质罗盘。

4. 课外作业

完成剖面图的构造形态和断层性质的判定。

任务 13　野外地质技能训练

◉**技能目标**

1. 能熟练使用地质罗盘仪。
2. 能完成野外地质实习，并撰写实习报告。

13.1　野外工作的基本方法和技能

13.1.1　地质罗盘的使用

1. 目的要求

地质罗盘仪是进行野外地质工作必不可少的一种工具。借助它可以测定出方向和观察点的所在位置，测出任何一个观察面的空间位置（如岩层层面、褶皱轴面、断层面、节理面等构造面的空间位置），以及测定火成岩的各种构造要素，矿体的产状等，因此必须学会使用地质罗盘仪。

2. 准备工具

放大镜、地质罗盘、钢卷尺。

3. 地质罗盘的结构

地质罗盘如图 13-1 所示。

图 13-1　地质罗盘

地质罗盘样式很多，但结构基本是一致的，我们常用的是圆盆式地质罗盘仪。由磁针、刻度盘、测斜仪、瞄准觇板、水准器等几部分安装在铜、铝或木制的圆盆内组成。

(1)磁针。磁针一般为中间宽两边尖的菱形钢针，安装在底盘中央的顶针上，可自由转动，不用时应旋紧制动螺丝，将磁针抬起压在盖玻璃上，避免磁针帽与顶针尖的碰撞，以保护顶针尖，延长罗盘使用时间。在进行测量时放松固定螺丝，使磁针自由摆动，最后静止时磁针的指向就是磁针子午线方向。由于我国位于北半球磁针两端所受磁力不等，使磁针失去平衡。为了使磁针保持平衡常在磁针南端绕上几圈铜丝，用此也便于区分磁针的南北两端。

(2)水平刻度盘。水平刻度盘的刻度是采用这样的标示方式：从0°开始按逆时针方向每10°一记，连续刻至360°，0°和180°分别为N和S，90°和270°分别为E和W，利用它可以直接测得地面两点之间直线的磁方位角。

(3)竖直刻度盘。竖直刻度盘是专用来读倾角和坡角读数的，以E或W位置为0°，以S或N为90°，每隔10°标记相应数字。

(4)悬锥。悬锥是测斜器的重要组成部分，悬挂在磁针的轴下方，通过底盘处的觇板手可使悬锥转动，悬锥中央的尖端所指刻度即为倾角或坡角的度数。

(5)水准器。水准器通常有两个，分别装在圆形玻璃管中，圆形水准器固定在底盘上，长形水准器固定在测斜仪上。

(6)瞄准器。瞄准器包括接物和接目觇板，反光镜中间有细线，下部有透明小孔，使眼睛、细线、目的物三者成一线，作瞄准之用。

4. 地质罗盘的使用方法

(1)在使用前必须进行磁偏角的校正。因为地磁的南、北两极与地理上的南北两极位置不完全相符，即磁子午线与地理子午线不相重合，地球上任一点的磁北方向与该点的正北方向不一致，这两方向间的夹角叫磁偏角。

地球上某点磁针北端偏于正北方向的东边叫作东偏，偏于西边称西偏。东偏为(＋)，西偏为(－)。

地球上各地的磁偏角都按期计算，公布以备查用。若某点的磁偏角已知，则一测线的磁方位角 $A_磁$ 和正北方位角 A 的关系为 A 等于 $A_磁$ 加减磁偏角。应用这一原理可进行磁偏角的校正，校正时可旋动罗盘的刻度螺旋，使水平刻度盘向左或向右转动，(磁偏角东偏则向右，西偏则向左)，使罗盘底盘南北刻度线与水平刻度盘0°～180°连线之间夹角等于磁偏角。经校正后测量时的读数就为真方位角。

(2)目的物方位的测量。目的物方位的测量是测定目的物与测者间的相对位置关系，也就是测定目的物的方位角(方位角是指从子午线顺时针方向到该测线的夹角)。

测量时放松制动螺丝，使对物觇板指向测物，即使罗盘北端对着目的物，南端靠着自己，进行瞄准，使目的物，对物觇板小孔，盖玻璃上的细丝，对目觇板小孔等连在一条直线上，同时使底盘水准器水泡居中，待磁针静止时指北针所指度数即为所测目的物的方位角。（若指针一时静止不了，可读磁针摆动时最小度数的 1/2 处，测量其他要素读数时亦同样）。

若用测量的对物觇板对着测者（此时罗盘南端对着目的物）进行瞄准时，指北针读数表示测者位于测物的什么方向，此时指南针所示读数才是目的物位于测者什么方向，与前者比较这是因为两次用罗盘瞄准测物时罗盘的南、北两端正好颠倒，故影响测物与测者的相对位置。

为了避免时而读指北针，时而读指南针，产生混淆，应以对物觇板指着所求方向恒读指北针，此时所得读数即所求测物的方位角。

（3）岩层产状要素的测量。岩层的空间位置决定于其产状要素，岩层产状要素包括岩层的走向、倾向和倾角。测量岩层产状是野外地质工作的最基本的工作方法之一，必须熟练掌握。

①岩层走向的测定。岩层走向是岩层层面与水平面交线的方向也就是岩层任一高度上水平线的延伸方向。

测量时将罗盘长边与层面紧贴，然后转动罗盘，使底盘水准器的水泡居中，读出指针所指刻度即为岩层的走向。

因为走向是代表一条直线的方向，它可以两边延伸，指南针或指北针所读数正是该直线之两端延伸方向，如 NE30° 与 SW210° 均可代表该岩层的走向。

②岩层倾向的测定。岩层倾向是指岩层向下最大倾斜方向线在水平面上的投影，恒与岩层的走向垂直。

测量时，将罗盘北端或接物觇板指向倾斜方向，罗盘南端紧靠着层面并转动罗盘，使底盘水准器水泡居中，读指北针所指刻度即为岩层的倾向。

假若在岩层顶面上进行测量有困难，也可以在岩层底面上测量，仍用对物觇板指向岩层倾斜方向，罗盘北端紧靠底面，读指北针即可；假若测量底面时读指北针受障碍时，则用罗盘南端紧靠岩层底面，读指南针亦可。

③岩层倾角的测定。岩层倾角是岩层层面与假想水平面之间的最大夹角，即真倾角，它是沿着岩层的真倾斜方向测量得到的，沿其他方向所测得的倾角是视倾角。视倾角恒小于真倾角，也就是说岩层层面上的真倾斜线与水平面的夹角为真倾角，层面上视倾斜线与水平面之间的夹角为视倾角。野外分辨层面的真倾斜方向甚为重要，它恒与走向垂直，此外可用小石子使之层面上滚动或滴水使之在层面上流动，此滚动或流动之方向即为层面之真倾斜方向。

测量时将罗盘直立，并以长边靠着岩层的真倾斜线，沿着层面左右移动罗盘，并用中指搬动罗盘底部之活动扳手，使测斜水准器水泡居中，读出悬锥中尖所指最大读数，即为岩层的真倾角。

④岩层产状的记录方式通常采用方位角记录方式：如果测量出某一岩层走向为 310°，倾向为 220°，倾角为 35°，则记录为 NW310°/SW∠35° 或 310°/SW∠35° 或 220°∠35°。

野外测量岩层产状时需要在岩层露头测量，不能在转石（滚石）上测量，因此要区分露头和滚石。区别露头和滚石，主要是多观察和追索并要善于判断。

测量岩层面的产状时，如果岩层凹凸不平，可把记录本平放在岩层上当作层面以便进行测量。

5.作业及实验报告

用罗盘测量方位角、坡度角、目估水平距离的结果填写在实验报表中，按 1∶2 000 的比例尺画两点方位角和坡度角的平面图和剖面图。

13.1.2　野外地质的记录要求

(1)文字应通顺、简洁，图文并茂。

(2)记录的类型和方式。地质记录有两种类型和方式：一种是专题研究的记录，专门观察研究某一地质问题；另一种是综合性地质观察的记录，应用于对某一地区进行全面而综合性的地质调查。

13.1.3　绘制路线地质剖面图

(1)选取作图比例尺。其原则是根据作图精度要求及路线长度选取，最好是将地质剖面图的长度控制在记录簿的长度以内。如果路线长、地质内容复杂，剖面图可以绘长一些。

(2)绘地形剖面。目估水平距离和地形转折处的高差及坡角大小，按比例尺的要求绘出地形剖面起伏。初学者易犯的错误是将山坡绘陡了。一般山坡坡角不超过 30°，更陡的山坡是人难以攀越的。

(3)填图。在地形起伏线的相应点上按实测的层面和断层面产状画出和地层的分界面及断层位置、倾向与倾角，在相应部位画出火成岩体的位置和形态，相当层用线连接以反映褶皱及其横部面特征。

(4)标注地层及岩体的花纹、断层的动向、地层的岩体的代号、化石产出部位及采样位置等。

(5)整体修饰已成的草图并写出图名、比例尺、方向、地物名称、绘制图例及写图注。如为通用图例，则可省略图例的说明。

13.1.4　绘制野外地质素描图

在野外所见到的典型地质现象，其规模小的如一块标本或一个露头上的原生沉积构造、构造变形、剥蚀风化现象，其规模大的如一个山头甚至许多山头范围内的地质构造特征或内外动力地质现象（如冰蚀地形、河谷阶地、火山口地貌）等均可用地质素描图表示。

地质素描图类似于照相，但照相是纯直观地反映，而地质素描则可突出地质的重点，作者可以有所取舍。照相需要条件，地质素描则可随时进行。因而地质工作者应当学习地质素描的方法，以此作为进行地质调查的手段。

13.1.5　标本的采集

野外地质工作的过程是收集地质资料的过程，地质资料除了文字的记录和各种图样以外，标本也是不可缺少的。有了各种标本就可以在室内做进一步的分析研究，使认识深化。因此，在野外必须注意采集标本。

标本根据用途可分为地层标本、岩石标本、化石标本、矿石标本以及专门用（薄片鉴定、同位素年龄测定、光谱分析、化学分析、构造定向等）的标本等。标本应是新鲜的而不是风化的。

常用的是地层标本和岩石标本，对于这类标本的大小、形态有所要求，一般是长方形，规格是 3 cm×6 cm×9 cm。应在采石场、矿坑等人工开采地点或有利的自然露头上进行采集，并进行加工。

化石标本力求完整，矿石标本要求能反映矿石的特征。

薄片鉴定、化学分析、光谱分析等标本不求形状，但求新鲜，有适当数量即可。

标本采集后要立即编号并用油漆或其他代用品写在标本的边角上，使其不致被磨掉，同时在剖面图或平面图上用相应的符号标出标本采集位置和编号，并在标本登记簿上登记，填写标签并包装。

13.2　野外观察各种地质现象

1. 实习目的和要求

工程地质课程实践性较强，因此，野外教学实习是本课程教学环节很重要的组成部分。实习的目的是巩固和加深理解在课堂上所学过的理论知识，训练基本技能，培养学生用工程地质观点观察问题和分析实际问题的能力，进一步理解工程地质在公路建设中的意义。

通过实习要求使学生在教师的指导下，对实习地区的地形地貌、地层岩性、地质构造、物理地质现象、水文地质条件、第四纪松散沉积物、水文现象等进行观察和描述。有条件可参观勘探、抽水试验、压水试验等工作。在野外应结合岩层产状的测量，掌握地质罗盘的使用方法。实习结束要求写实习报告，报告的主要内容包括实习地区的地质条件并结合路桥工程的特点，进行简要的工程地质条件评价。

2. 实习内容

（1）外业工作。

①实习区内岩石的描述与鉴定，岩层产状的测量。

②实习区内地层、典型褶皱、断裂构造的观测。

③地貌（重点是河谷地貌）及物理地质现象的观察。

④第四纪松散沉积物成因类型及岩性的观测。

⑤结合井、泉调查，了解地下水的埋藏、透水层与含水层、隔水层的分布、地下水的基本类型、地下水与地表水的补给关系等。

⑥水文现象观测，水文断面测量。

⑦实习中可选择地质条件典型的地段进行综合观测点及路线观测，有条件时可进行裂隙统计及地质剖面示意图的绘制；参观工程地质与水文地质勘探及试验工作；邀请有关地质专家做技术报告。

(2)内业工作。

①阅读或介绍实习地区的已有地质资料。

②整理和分析野外观测记录和标本。

③绘制节理统计图、示意剖面图。

④结合现场情况，复习回答思考题。

⑤编写实习报告：主要内容应包括实习地区的地质概况及建筑物地段的工程地质条件的分析等。

3. 实习方案

总体可安排为四个阶段进行：准备阶段；野外实习阶段；总结阶段；学生完成实习报告阶段。

4. 成绩评定

要求一星期后交实习报告。教师在审阅各位同学的实习报告之后结合野外实习中的表现和观察、描述、记录等情况，按优秀、优良、中等、及格和不及格进行考核。

13.3　地质实习报告的编写

地质实习外业结束以后，应及时地转入内业整理和实习报告编写阶段。编写实习报告是整个实习的一个重要环节，也是地质实习考查成绩的重要依据。要求每个学生独立按时完成实习报告内容的编写。

实习报告内容视实习地点的具体情况和实习时间的长短而有所不同。地质实习报告中应附上必要的图样，在编制图样时须采用统一图例。

1. 地质实习报告的编写提纲

(1)绪言。介绍实习区的行政区划、经纬位置、自然地理概况、实习目的、实习时间等。

(2)对不同观察点出露的地层及分布的特点，按地层时代自老至新进行分层描述。描述各时代地层时应包括分布和发育概况、岩性和所含化石、与下伏地层的接触关系、厚度等（附素描图）。

(3)岩浆岩出露状况简述。附实测地层剖面图、斜层理、泥裂素描图，描述各种岩体的岩石特征、产状、形态、规模、出露地点、所在构造部位以及含矿情况，并判断其工程强度的类别。

（4）描述在实习地区认识的地质构造及地貌的类型，概述本地质教学实习区在大一级构造中的位置和总的构造特征。分别叙述地质教学实习区的褶皱和断裂。

①褶皱描述：褶皱名称，组成褶皱核部地层时代及两翼地层时代、产状、枢纽、轴面、展布情况。褶皱横剖面及纵剖面特征，并附轴面和枢纽的水平投影。

②断层描述：断层名称、断层性质、上盘及下盘（或左右盘）地层时代、断层面的产状、野外识别标志、断层证据（附素描图、剖面图）。

③节理描述：节理发育组数、方向、发育程度及调查方法、走向或倾向玫瑰花图。

阐述褶皱与断裂在空间分布上的特点，根据所见实际情况并结合路桥工程的勘测设计、施工等问题做出综合分析，提出自己的见解。

（5）描述在实习地区所见到的各种不良地质现象，描述它们对路桥工程造成的危害及供采取的措施，并给出自己的评价。

（6）除了安排的观察内容以外，提出自己的新发现、新见解或认为需要探索的问题。

（7）结束语。包括实习的主要收获、体会、意见及建议。

2. 实习报告附图

实习报告应附哪些图样，这要根据实习地点的具体条件、实习时间的长短及专业要求等情况综合考虑，适量选择。通常有下列图样可供选择：综合地层柱状图、地质平面图（部分）、地质剖面图（或水文地质剖面图）、节理玫瑰图、赤平投影图应用、有关地质素描图及照片等。以上附图的编制内容、要求及图式均可在本书中找到参考。

报告编写要求书写清晰规正、文字通顺、图样整洁，并装订成册统一交指导教师评阅。

13.4 地质实习报告实例

目　　录

1 实习概要

1.1 实习时间与地点

实习时间：第十九周。

实习地点：番禺莲花山、省博物馆、华立校园内。

1.2 实习目的及任务

工程地质实习是土木工程专业重要的实践性教学环节，实习实践教学和课堂理论教学具有同等重要的作用，工程地质实习的目的在于通过实习使学生具备分析、解决在实际工程中出现的简单条件下的地质问题的能力。

实习的任务：在实习实践的过程中，通过实际操作和直接感观的体会和认识，如通过对实物标本、模型、图件等的观察与分析，使学生进一步理解和巩固理论课上所学的知识，并在基本技能方面得到初步训练，提高学生分析问题和解决问题的能力。在搜集了解区域地质、地形地貌、地震、建筑材料等资料后，学生通过野外的实习踏勘，进一步了解场地的地层岩性、地质构造、岩石和土的工程性质、地下水作用以及不良地质现象等。

1.3 实习安排

(1)常见造岩矿物、岩石的认识(2学时，实验室)。

(2)地形图、地质图的阅读与分析(4学时，校园内)。

(3)地质地貌构造认识(4学时，省博物馆地质地貌馆)。

(4)野外地质考察(8学时，番禺莲花山)。

(5)工程地质勘察(6学时，教室、宿舍)。

①工程地质勘察理论；

②教学录像：工程地质基础知识，不良地质现象(滑坡、崩塌)；

③工程地质勘察报告阅读与应用。

2 实习内容

2.1 校内实习部分

通过一学期的基础课程的学习，在实习的开始阶段，为了保证实习安全，提高实习效率并激发学生对实习的热情，学院在实习一开始就召开了动员大会，动员大会由梁仕华老师主讲。首先，梁老师向同学们介绍了实习地点，包括大学城、莲花山、省博物馆，并具体介绍了本次实习的课程安排，另外她还介绍了实习报告的要求并强调我们要认真完成。随后，梁老师还阐述了实习中的细节问题，并重点强调了实习过程中的纪律和要求。

随后老师给我们详细讲了地质图阅读与工程勘察的内容，地质图的一般知识及读图方法步骤；在地质图上分析岩层产状、接触关系、褶皱、断裂构造、地质勘察报告的阅读、工程地质勘察方法等。通过老师的讲述，我们基本学会了阅读地质图的一般步骤和方法，即首先要看图名、图幅代号、比例尺，然后才分析图例并阅读分析地质内容。掌握了各种岩层产状，包括走向、倾向、倾角要素，及其要素在地质图上的表示方法。掌握了岩层的接触关系，包括整合接触，不整合接触，假整合接触，以及这些接触在地质图上的表现；

掌握了褶皱构造、断裂构造、岩浆岩体在地质图上的表现。此外还了解了工程勘察的一些内容。

接着在老师的要求下，我们在宿舍观看了不良地质现象录像。当今，人类工程经济活动对地质的影响起到了越来越大的作用。影片中包括崩塌、滑坡、泥石流、岩溶等各类的不良地质现象。通过观看影片，我们能够更加直观地了解不良地质现象的成因、过程和结果，聆听专家是如何勘察地质现象和如何制定防治措施的，这比课本知识更加形象易懂。这些不良地质现象的形成条件都是地质条件、水文条件、气候条件、地形条件和人类活动影响而造成的。通过观看录像，我更加地懂得了这些不良地质现象的危害，与此同时也学会了一些防治它们的措施，如采取植树种草、滞流与拦截等措施防治泥石流等。

2.2　校外实习部分

2.2.1　省博物馆参观

通过对书本的学习，我掌握了矿物和岩石的基本知识，但书本上的知识与实际情况往往有很大差距，为了加深认识，我和几位同学在星期六结伴来到了广东省博物馆。进入博物馆首先看到广东省各地质公园的介绍，其中最为出名的是丹霞山国家地质公园和湖光岩地质公园。著名的景区还有肇庆七星岩和前几天踏勘过的番禺莲花山。然后可以看到岩石和矿物琳琅满目地陈列在展柜里，有关矿物和岩石的介绍也挂满了墙。这里的岩石和矿物基本是在学校实验室从未见过的，有些只见于书本上介绍，自然也没有那种感性的认识，甚至未曾听闻。如油页岩、孔雀石、黄锑华、方铅矿、车轮矿、异极矿等；薄片状、鳞片状、块状、土状、球状、钟乳状、黄的、绿的、红的……这些给了我们无限的视觉冲击。我们一边仔细观察这些矿物和岩石的颜色和形状，一边看标本下面关于这些矿物和岩石的结构和构造的说明，以及它们的工程地质评价。另外还纠正了以前对岩石的误区：以前认为大理石就是大理岩，花岗石就是花岗岩，其实不然，大理石包括大理岩、石灰岩、白云岩、泥质岩、蛇纹岩等多种具有一定装饰效果的岩石，花岗岩也是如此。

2.2.2　莲花山踏勘

老师在讲座时就已经布置好实习内容，要求我们仔细观察岩石结构、岩石构造，并了解其形成原因，观察当地的地质构造、地貌，以及可能存在的工程地质问题。为了不至于外业实习时手忙脚乱，我在闲余时间里积极到网上和图书馆查找相关资料，更好地了解莲花山以及相关的工程地质知识，以求能够更好地完成此次莲花山实习，掌握实习任务所要求的知识。

早上，在到莲花山之前就下起了大雨，但丝毫不减我们实习的热情。莲花山属于丹霞地貌，我们首先来到古采石厂遗址，看到很多密度高砂质细的岩石，经老师介绍得知这些岩石是红砂岩，属于三大岩类中的沉积岩。沉积岩是由各种地质作用形成的沉积物（碎屑物、化学和有机化学沉淀物、黏土等，通常还包括火山喷发物的坠落堆积物），在地表或近地表条件下经过固结、脱水、胶结及重结晶作用形成坚硬岩石。这里到处风化严重，给人一种古老的感觉。沿着石阶往下走，就到了狮子岩了，其酷似雄狮，盘踞山崖，石头的岩性为沉积岩的棕红色砂岩，层理构造明显，极容易被风化，是典型的海蚀地貌，曾经被海水冲刷，后来沧海桑田，海水退去，陆地抬升。在狮子岩旁边的那道山坡上，植被稀疏，岩土松散，有一定的安全隐患，容易发生滑坡等地质灾害。接下来的那道山坡则经过强烈的风化，那里的岩石甚至可以用手捏碎，我想这应该属于沉积岩的碎屑结构吧。我们跟着老师一直走下去，狮子岩斜对面是观音岩，原是一处采石遗留下来的石室，下部向内凹陷，上部向外凸出并有节理，若干年后可能会因岩石强度不够而坍塌。接下来就是八仙岩了，八仙岩其实是一个岩石群，板块形状不一，但错落有致，岩性为棕红色砂岩，岩石层理构造明显，上部有植物覆盖——这就是所谓的生物根劈，岩石在生物活动的影响下产生节理，有水平节理、垂直节理、倾斜节理，还有波浪形节理，有的节理几乎贯穿了整个岩石群。植物根部在岩石裂隙中生长，迫使裂隙扩大，使岩石受到剪应力，引起岩石崩解，但若一个岩石体由于内力作用产生节理，而生物的根生植在里面，这样就可以保护岩体的稳定性。然后是浴仙池，比起池中的美景，我更关注的是水池四周的岩石，这些岩石经过长年日晒雨淋风吹，野生物生长，其风化程度强烈，部分岩石表面已经出现破碎削落，岩石下部的岩石碎片风化成粉粒，堆积成土状，其工程地质性质极差，这种风化成土的岩石不宜用作建筑工程的基础持力层。然后我们到了古采石厂的精华所在，被誉为莲花山最美的景观——燕子岩。区内，撬壁嵯峨，巨石横空，或成一线鸟道，或形成一穴深洞，半出人工，半如天成；雄伟壮观，气势巍然。向上看，只见四面崖壁，奇峰突异，广阔的天空，被缩成一方天井；燕子岩景区，细听滴水声，看飞舞盘旋的燕子，静中有动，如诗如画，这些奇形层状的巨岩，不是大自然的鬼斧神工，而是先人斧凿力劈，并在水的动力作用下形成的人工丹霞地貌。

3 实习总结与感想

在这次工程地质实习中，我们和老师走在一起，学在一起，老师给我们进行的详细举例说明，增强了我们的实践能力，并且这些都加深了我们对书本上老师所讲内容的认识，对三大类岩石有了一个感性的认识，让我知道了书本上的东西都是死的，如果不和实际联系起来则它只能变成无用的东西，所以我觉得应该尽量多地去实践。

通过这次动员大会，我对即将开始的工程地质实习有了更加充分的准备与期待。在课堂上实践可以结合理论，将所学融会贯通，达到事半功倍的效果。让我们了解了岩石及宝石，在今后的生活中或许我们会遇到宝石，通过这次初步的学习，相信以后我们不会弃宝为石了。宝石是那么的美丽，给人类以追求的欲望，这就要求我们踏踏实实学习，认认真真工作，努力去创造财富，得到世上罕有的宝物。

对于重大的地质病害应尽量绕避，实在无法绕避的要考虑工程措施的可能性与可靠性，并且应减少对地质环境的破坏，提高工程措施的可靠性和安全度。对地质病害应以防为主，以治为辅，能避当避，即使增加工程造价也是值得的。在今后的工作和学习中应该培养吃苦耐劳的精神和万事谨慎的态度，只有这样才能高效而且安全地完成工作任务。这次实习也让我认识到团体协作的力量，在以后的学习生活和工作当中一定要注意团队合作，充分发挥集体的力量。

在莲花山上我开阔了眼界，虽然天气不好，一直下着雨，但我还是秉承着考古学家一丝不苟的科研态度完成踏勘。莲花山和博物馆参观是整个实习的核心部分，这是一个理论和实际相结合的过程，在这个过程中要把所学的知识灵活地理解和运用，从而加强我们对这门课程的了解，而且在实习的过程中学到了很多书本上无法学到的东西，古人说读万卷书不如行万里路，看来就是这个道理。

通过这次地质实习，我看到了今后的工作环境可能不容乐观，但是作为一个土木人，应该不畏艰险、勇往直前，展现我们的工作热情，在岗位上兢兢业业、诚诚恳恳，为我国四有化建设做出应有的贡献。

参考文献

[1] 盛海洋. 工程地质与水文[M]. 北京：科学出版社，2011.

[2] 杨晓丰. 工程地质与水文[M]. 北京：人民交通出版社，2005.

[3] 盛海洋. 工程地质[M]. 武汉：武汉理工大学出版社，2013.

[4] 王建林，盛海洋. 工程地质[M]. 武汉：武汉理工大学出版社，2015.

[5] 邹艳琴. 公路工程地质[M]. 北京：高等教育出版社，2009.

[6] 臧秀平. 工程地质[M]. 北京：高等教育出版社，2004.

[7] 孙家齐，罗国煜. 工程地质[M]. 4版. 武汉：武汉理工大学出版社，2011.

[8] 李隽蓬，谢强. 土木工程地质[M]. 成都：西南交通大学出版社，2000.

[9] 赵树德. 土力学[M]. 北京：高等教育出版社，2001.

[10] 胡厚田. 土木工程地质[M]. 北京：人民交通出版社，2010.

[11] 罗筠. 公路工程地质[M]. 北京：人民交通出版社，2011.

[12] 齐丽云，徐秀华. 工程地质[M]. 北京：人民交通出版社，2009.

[13] 戴文亭. 土木工程地质[M]. 2版. 武汉：华中科技大学出版社，2013.

[14] 朱建德. 地质与土质实习实验指导[M]. 北京：人民交通出版社，2004.

[15] 中交第一公路勘察设计研究院有限公司. JTG C20—2011 公路工程地质勘察规范[S].
    北京：人民交通出版社，2011.